特种经济动物养殖致富直通车

毛皮动物
疾病诊疗图谱

谢之景　马泽芳　主　编

U0256203

中国农业出版社

北　京

丛书序

　　近年来，山东省特种经济动物养殖业发展迅猛，已成为全国第一养殖大省，2016年，水貂、狐和貉养殖总量分别为2 408万只、605万只和447万只，占全国养殖总量的73.4%、35.4%和21.4%；兔养殖总量为4 000万只，占全国养殖总量的35%；鹿养殖总量达1万余只。特种经济动物养殖业已成为山东省畜牧业的重要组成部分，也是广大农民脱贫致富的有效途径。山东省虽然是特种经济动物养殖第一大省，但不是强省，还存在优良种质资源匮乏、繁育水平低、饲料营养不平衡、疫病防控程序和技术不合理、养殖场建造不规范、环境控制技术水平低和产品品质低劣等严重影响产业经济效益和阻碍产业健康发展的瓶颈问题。急需建立一支科研和技术推广队伍，研究和解决生产中存在的实际问题，提高养殖水平，促进产业持续稳定健康发展。

　　山东省人民政府对山东省特种经济动物养殖业的发展高度重视，率先于2014年组建了"山东省现代农业产业技术体系毛皮动物创新团队"（2016年更名为"特种经济动物创新团队"），这也是特种经济动物行业全国唯一的一支省级创新团队。全团队由来自全省各地20名优秀的专家组成，设有育种与繁育、营养与饲料、疫病防控、设施与环境控制、加工与质量控制和产业经济6大研究方向11位岗位专家，还设有山东省、济南市、青岛市、潍坊市、临沂市、滨州市、烟台市、莱芜市8个综合试验站1名联络员，山东省财政每年给予支持经费350万元。创新团队建立以来，深入生产一线开展了特种经济动物养殖场环境状况、繁殖育种现状、配合饲料生产技术、重大疫病防控现状、褪黑激素使用情况、屠宰方式、动物福利等方面的调查，撰写了调研报告17篇，发现了大量迫切需要解决的问题；针对水貂、狐、貉及家兔的光控、营养调控、疾病防治、毛绒品质和育种核心群建立等30余项技术开展了研究，同时对"提高水貂生产性能综合配套技术""水貂主要疫病防控关键技术研究""水貂核心群培育和毛皮动物疫病综合防控技术研究与应用""绒毛型长毛兔专门化品系培育与标准化生产"等6项综合配套技术开展了技术攻关。发表研究论文158篇（SCI5篇），获国家发明专利16项，实用新型专利39项，计算机软件著作权4项，申报山东省科研成果一等1奖，已获得山东省农牧渔业丰收奖3项，山东省地市级科技进步奖10项；山东省主推技术5项，技术推广培训5万余人次等。创新团队取得的成果及技术的推广应用，一方面为特种经济动物养殖提供了科技支撑，极大地提高了山东省乃至全国特种经济动物的养殖水平，同时也为山东省由养殖大省迈向养殖强省奠定了基础，更为出版《特种经济动物养殖致富直通车》提供了丰富的资料。

《特种经济动物养殖致富直通车》包括《毛皮动物疾病诊疗图谱》《水貂高效养殖关键技术》《狐狸高效养殖关键技术》

《貉高效养殖关键技术》《肉兔高效养殖关键技术》《獭兔高效养殖关键技术》《长毛兔高效养殖关键技术》《梅花鹿高效养殖关键技术》《宠物兔健康养殖技术》。本套丛书凝集了创新团队专家们多年来对特种经济动物的研究成果和实践经验的积累，内容丰富，技术涵盖面广，涉及特种经济动物饲养管理、营养需要、饲料配制加工、繁殖育种、疾病防控和产品加工等实用关键技术；内容表达深入浅出，语言通俗易懂，实用性强，便于广大农民阅读和使用。相信本套丛书的出版发行，将对提高广大养殖者的养殖水平和经济效益起到积极的指导作用。

山东省现代农业产业技术体系特种经济动物创新团队

2018年9月

前言

　　我国毛皮动物的养殖起源于1956年引入的50只水貂，虽然起步较晚，但发展迅猛，养殖品种以水貂、狐和貉为主，养殖区域主要集中在山东、河北、辽宁、黑龙江、吉林、内蒙古、山西、宁夏、北京、天津及新疆等地。随着经济的发展、人们生活水平的提高和需求的不断增长，我国特种经济动物养殖业呈现出"小动物、大市场"的产业特色，初步形成产业化，在畜牧业中所占比重逐年提升，养殖规模也已超过丹麦、芬兰、美国等主要养殖大国，养殖总量居世界首位。经过多年的发展和积累，特种经济动物产业已逐渐以毛皮动物产业为主导，我国也成为世界上最大的毛皮产品生产国和出口国。

　　近年来，随着我国毛皮动物养殖业集约化程度的提高，毛皮动物的发病率持续上升，疫病防控形势日趋严峻，疾病成为制约我国毛皮动物产业发展的重要因素，给毛皮动物养殖业造成很大的经济损失。疫病风险是毛皮动物养殖过程中的主要风险之一，做好疫病防控工作是保障产业健康发展的有效措施。目前我国毛皮动物疫病综合防控技术体系不够健全，存在的主要问题是病原复杂，病原变异速度加快，新的病原不断出现；缺乏标准化的诊断检测技术；众多养殖场/户缺乏生物安全意识等，严重制约了生产性能的提高，降低了产品质量，甚至威胁到公共安全。

为了进一步促进和提高毛皮动物疾病防控、诊疗水平，我们组织山东省特种经济动物产业创新团队专家、山东农业大学、青岛农业大学、山东省畜牧兽医职业学院、诸城市皮毛动物研究所，以及相关养殖企业等多家单位长期在教学和生产一线工作的理论水平高、具有丰富实践经验的教授和专家，在参阅大量文献的基础上，编写了《毛皮动物疾病诊疗图谱》。本书具有图片清晰、直观易懂、理论联系实际、内容科学实用等特点，可让读者快速掌握毛皮动物主要疾病的诊疗与防控方法。期望本书能为毛皮动物养殖者提供帮助，并逐步推进我国毛皮动物疾病诊疗、防控的科学化、标准化。书中引用了一些资料和文献，在此向相关作者及人员一并表示感谢！

由于时间和经验有限，书中难免存在不足之处，希望广大同行、毛皮动物养殖从业者朋友们提出宝贵意见，以期再版时改进。

编　者

第一章
毛皮动物养殖场生物安全体系的建设措施

第一节 养殖场选址与布局

一、场址选择

场址的选择直接关系到投产后养殖场的生产、经营管理、场区小气候状况及环境保护状况。场址选择不当，可导致整个养殖场在运营与经济效益上受损，造成周边环境污染。因此，在建设毛皮动物养殖场之前，必须对生产规模、将来种群发展情况作全面规划，再根据毛皮动物养殖场建设要求，综合考虑自然环境、社会经济状况、种群的生理和行为特点、卫生防疫条件、生产流通及组织管理、环境保护等各种因素，充分了解国家有关畜牧生产区域布局和相关政策、地方生产发展和资源合理利用等。选择场址应符合本地区农牧业生产发展总体规划、土地利用发展规划、城乡建设发展规划和环境保护规划的要求。

理想的毛皮动物养殖场场址，应该有良好的自然环境和社会环境。在饲料、水、电、供热燃料和交通等方面满足生产需要；有充足的土地面积用于建舍，贮存饲料、堆放垫草及粪便，消纳和利用粪便，分期建设时要预留远期工程建设用地；有适宜的周边环境，与居民区、污染源等保持足够的距离和适宜的方向（图1-1）。

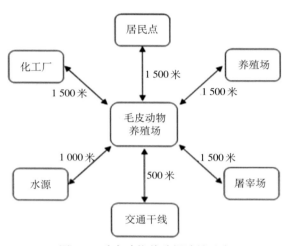

图 1-1　毛皮动物养殖场选址示意

毛皮动物养殖场场址选择须考虑的自然条件包括地形地势、水源水质、土壤和气候因素。规定的自然保护区、水源保护区、风景旅游区不可以建场。受洪水或山洪威胁及泥石流、滑坡等自然灾害多发地带，自然环境污染严重的地区均不适合建场。

（一）地理位置

水貂、狐狸、貉的繁殖、换毛与日照周期的变化直接相关。尤其是水貂，只有长短日照变化明显的地区才适宜水貂繁殖。日照周期变化幅度与地理纬度密切相关。在北纬35°以北地区才适合饲养水貂，在北纬35°以南地区饲养的水貂会失去繁殖能力，也生产不出优质毛皮。中、低海拔高度适宜饲养水貂。在高海拔地区（3 000 米以上），因紫外线过强会降低动物毛皮品质，不适合建场。

（二）地势地形

地势是指场地的高低起伏状况；地形是指场地的形状、范围以及地物（山岭、河流、道路、草地、树林、居民点）的相对平面位置状况。毛皮动物养殖场地应选在地势较高、干燥平坦、排水良好和向阳背风的地方。

平原地区一般比较平坦、开阔，场址应注意选择在比周围地段稍高的地方，以利于排水。地下水位，以低于建筑物地基深度0.5米以下为宜。山区建场应选在稍平缓坡上，坡面向阳，总坡度不超过25%，建筑区坡度应在2.5%以内。坡度过大，不但在施工中需要大量填挖土方，增加工程投资，而且在建成投产后也会给场内运输和管理工作造成不便。山区建场还要注意地质构造情况，避开断层、滑坡、塌方的地段，以及坡底、谷底、风口。

（三）水源

在毛皮动物的生产过程中，毛皮动物的饮用、饲料清洗与调制、饲料间和用具的洗涤、夏季的降温等都需使用大量的水。所以，建设毛皮动物养殖场须有可靠的水源。

首先，水源应保证水量充足，能满足养殖场内人的生活用水和动物的生产用水等。一般人的生活用水可按每人每日20～40升计算；毛皮动物的用水可按每日每100只动物1米^{3}计算。养殖场的用水量并非是均衡的，在每个季度、每天的各个时间内都有变化。夏季用水量远比冬季多；

白天生产管理使用水量骤增，夜间用水量相对要少。因此，在计算毛皮动物养殖场用水量及设计给水设施时，必须按单位时间内最大耗水量计算。

其次，水质要良好，满足畜禽饮用水的标准，水质应符合《无公害食品　畜禽饮用水水质》（NY 5027—2001）要求。在选址时，还要调查当地是否因水质不良而出现过某些地方性疾病等。

还要考虑取水方便，设备投资少，处理技术简便易行；便于卫生防护，以保证水源水质长期处于良好状态，不受周围条件的污染。

（四）土壤

养殖场场地的土壤情况对动物影响颇大。土壤透气透水性、吸湿性、毛细管特性、抗压性及土壤中的化学成分等，不仅直接、间接影响场区的空气、水质和植被的化学成分及生长状态，还可影响土壤的净化作用。

透气透水性不良、吸湿性大的土壤，受粪尿等有机物污染以后，这些污染物往往进行厌氧分解，产生氨气、硫化氢等有毒有害气体，使场区空气受到污染。这些污染物及其厌氧分解的产物，还易于通过土壤孔隙或毛细管而被带到地下水中，或被降水冲集到地表水源中，从而污染水源。

适合建养殖场的土壤，应该是透气透水性强、毛细管作用弱、吸湿性和导热性小、质地均匀、抗压性强的土壤。砂壤土既有一定数量的大孔隙，又有多量的毛细管孔隙，所以透气透水性良好、持水性小，因而雨后也不会泥泞，易于保持适当的干燥，可防止病原微生物、寄生虫、蚊蝇等生存和繁殖。同时，由于透气性好，有利于土壤本身的自净。这种土壤的导热性小、热容量较大，土温比较稳定，故对动物的健康、卫生防疫、绿化种植等都比较适宜。又由于其抗压性较好，膨胀性小，也适于做建筑物地基。

从动物环境卫生学观点来看，养殖场的场地以选择在砂壤土类地区较为理想。在一定地区内，由于客观条件的限制，选择到最理想的土壤不容易。这就需要在养殖场的设计、施工、使用和其他日常管理上，设法弥补当地土壤的缺陷。

（五）饲料条件

饲料，尤其是动物性饲料，是毛皮动物养殖场重要的物质基础。在选择场址时，须考虑饲料的来源，其中主要是动物性饲料的来源。例如，每饲养100只种貂，1年需要22～25吨动物性饲料和足够的谷物及蔬菜等饲料；每饲养100只种狐，1年需要35～38吨动物性饲料。毛皮动物养殖场应建在饲料来源广且易于获得的地方。如畜禽屠宰加工厂、冷冻厂、肉类联合加工厂、渔业队，或者畜牧业发达的地方。

（六）社会联系

社会联系是指养殖场与周围社会的关系，如与居民区的关系、交通运输和电力供应等。毛皮动物养殖场选址必须遵循社会公共卫生准则，不要成为周围社会的污染源，同时也要注意不受周围环境所污染。因此，毛皮动物养殖场应建于居民区及公共建筑群的下风处，但要离开居民点污水排出口，不应选在化工厂、屠宰场、皮革厂等容易造成环境污染企业的下风处或附近。养殖场与居民点的间距，一般在200米以上，大型场在1 500米以上。与其他畜牧场、兽医机构、畜禽屠宰厂等间距应不小于1 500米。

毛皮动物养殖场应建在交通运输条件方便的地方，以保证饲料及其他物质的及时运输。但为了防疫卫生，养殖场应距国道、省际公路500米以上，距省道、区际公路300米以上，距一般道路100米（有墙时可缩小到50米）以上。养殖场要修建专用道路与公路相连。

选择场址时，还应重视供电条件，特别是集约化程度较高的大型毛皮动物养殖场，必须具备可靠的电力供应。因此，为了保证生产的正常进行，减少供电投资，应靠近输电线路，并应有备用电源。

总之，合理而科学地选择场址，对组织高效、安全的生产具有重要意义。

二、分区规划

根据生产功能，养殖场可以分成若干个区，进行分区规划、合理布局，是建立良好的养殖场环境和组织高效率生产的基础和可靠保证。

毛皮动物养殖场通常分为管理区、生产区、病兽管理区和粪污管理区，以建立最佳生产联系和卫生防疫条件来合理安排各区位置（图1-2）。

养殖场分区规划应遵循下列几个基本原则。

①应体现建场方针、任务，在满足生产要求的前提下，做到节约用地，少占或不占用耕地。

②在发展大型集约化毛皮动物养殖时，应当全面考虑动物粪尿和污水的处理和利用。

图1-2 按风向和地势分区规划示意

③因地制宜，合理利用地形地势。如，利用地形地势解决兽舍的防寒、通风、采光等；有效地利用原有道路、供水、供电线路以及原有建筑物等，以创造最有利的环境、卫生防疫条件和生产联系，并为实现生产过程机械化、提高劳动生产率、减少投资、降低成本创造条件。

④应充分考虑今后的发展，在规划时应留有余地，对生产区的规划更应注意。

管理区和生活区：包括各种办公室、宿舍、料库、车库、消毒间、配电室、水塔等。在场内最高地势、上风向处，紧邻场区大门内侧集中布置，与生产区间隔200～300米。

生产区：是毛皮动物的生产核心，主要包括各种兽舍和饲料加工、贮存间。应根据不同用途、类型、发育阶段来确定不同类型兽舍的位置。种兽和幼兽应放在防疫比较安全的地方，一般要求在上风向处。

病兽管理区：主要包括兽医室、隔离舍等，是病兽、污物集中之地，也是卫生防疫和环境保护工作的重点，应设在生产区的下风处和地势最低处，与其他舍保持300米的卫生间距。为运输隔离区的粪尿污物出场，宜单设道路通往隔离区。

粪污管理区：是毛皮动物粪尿及其他废弃物堆放、处理和利用的场地，具有极其重要的公共卫生学意义。贮粪设施和污水贮存设施应在下风处，距舍 300 ~ 500 米。

三、场内布局

为了更好地解决养殖场及其周边环境日益突出的问题，防止环境污染，保障人畜健康，促进畜牧业的可持续发展，养殖场的布局必须依照国家法规，考虑当地条件；采用科学的饲养管理工艺；经济上合理，技术上可行；为动物和管理人员创造良好的环境。貂场布局实例见图1-3和图1-4。

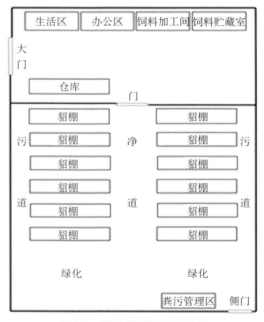

图1-3　烟台某貂场平面布局

图1-4 美国Timbal水貂场平面布局

　　建筑物的排列一般要求横向成行，纵向成列；尽量将建筑物排成方形，建筑物长度一般不能超过50米，避免排成狭长而造成饲料、粪污运输距离加大，管理和工作不便。4栋以内，单行排列；超过4栋，则可双行或多行排列。

　　建筑物的位置，主要考虑功能关系，即兽舍建筑物在生产中的相互关系。防疫要求，主要考虑地势和主风向；建筑物的朝向，主要考虑防寒、防暑，兽舍朝向以南向或南偏东、偏西45°以内为宜；建筑物的间距指相邻建筑物的纵墙之间距离，根据兽舍的采光、通风、防疫、防火和占地面积要求加以考虑。兽舍间距应为2～3倍兽舍高，可满足各种要求。

（王利华）

第二节 棚舍建筑与结构

　　毛皮动物养殖生产中多以棚舍为主，但可以采用半开放式舍或密闭舍改善养殖环境。棚舍要求夏季能遮挡直射光，通风良好。棚顶可用石棉瓦、油毡纸、稻草等覆盖，内层加一层保温板可以加强棚顶的保温隔热，有利于防太阳辐射。可根据当地的地形地势及所处的地理位置，综合考虑通风和采光等确定棚舍的朝向，通常为东西走向。根据舍内笼具的排列方式可分为双列舍和多列舍，根据屋顶的不同可分为双坡式屋顶和单坡式屋顶。

一、双坡式屋顶

　　用"人"字形起架，棚的顶高要根据当地气候特点确定，寒冷地区宜采用矮棚，炎热的地区棚舍宜稍高，有利于通风。棚舍通常为长25～50米，可根据地块的大小决定貂棚的长度。国内毛皮动物生产中以双列舍为主（图1-5），笼具在两侧，中间设1.2～1.4米宽（可通过饲料车）的作

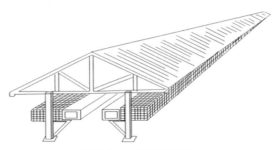

图1-5　双列水貂棚舍

业通道。通常貂舍宽3.5～4米，狐舍宽4.5～5.5米。貂舍檐高1.2～1.6米，脊高2～2.8米。狐舍檐高1.8米，脊高3米。国外也有大跨度的多列貂舍（图1-6），外侧养种貂，中间养皮貂。棚内地面平坦不滑，标高高出棚外地面20～30厘米。

图1-6　多列貂舍

棚舍可起到遮阳、防降水及部分挡风作用，但保温能力很差，可以在兽舍两侧设卷帘（图1-7和图1-8）。卷帘

图1-7　安装卷帘的貂棚

在冬季可以挡风，从而改善舍内小气候，增加毛皮动物的抗寒能力，在秋季可以用于遮光促进毛皮的成熟，也方便配种后对毛皮动物进行分批控光。卷帘有手动和电动两种类型。

图1-8　可遮光和挡风的貂棚

二、单坡式屋顶

小型毛皮动物养殖场，由于养殖数量少，可在院落的东侧或西侧依墙搭棚，用2.5米水泥杆做立柱，用竹子或木做檩，上面盖上150厘米×60厘米的石棉瓦，做成前檐高1.8米、后檐高2.5米的前敞舍。

图1-9　简易的狐棚

还有一些小型养殖场，直接将石棉瓦盖在狐、貉笼上，形成简易的单坡式屋顶（图1-9）。这种简易舍投资少，易修建，但由于太阳辐射热的蓄积，不利于夏季的防暑降温。

（王利华）

一、笼具

笼具是毛皮动物活动的场所，笼舍的规格及样式均应以不影响毛皮动物的正常活动、生长发育、繁殖与换毛等生理过程为前提，符合卫生要求，且饲养管理操作比较方便。

在北欧各国，标准貂笼的尺寸是90厘米（长）×30厘米（宽）×45厘米（高）。在芬兰，有些貂笼为71厘米（长）×38厘米（宽）×30厘米（高）。也有些笼子的宽只有20厘米，用于饲养一只母貂，但丹麦从2010年、挪威从2005年禁止使用这种貂笼。在荷兰，推荐貂笼的尺寸为85厘米（长）×30厘米（宽）×45厘米（高）。从2008年起，在意大利要求水貂必须饲养在环境富集的笼中（图1-10），我国对环境富集笼的相关研究还较少。

图1-10　环境富集的貂笼

目前，国内养貂的笼子长度还不能达到90厘米，貂笼以60厘米（长）×35厘米（宽）×45厘米（高）为主。在国内养貂生产中，种貂笼和皮貂笼没有明显区别，但国外有专门针对皮貂养殖的复式貂笼（图1-11）。国内的貂笼用铁丝编制（或用电焊网），其网眼为3.5 ～ 4厘米^2，笼底用1 ～ 12号铁丝，其余各面用14 ～ 16号铁丝（图1-12）。国外多采用带孔铁皮代替电焊网，以减少相邻两笼水貂间的争斗（图1-13）。貂笼距地面45厘米以上，以免潮湿。

图1-11　皮貂复式貂笼

图1-12　铁丝电焊网制貂笼

图 1-13　两侧为带孔铁皮貂笼

　　水貂笼后侧下面设有粪尿沟，国内提倡粪尿分离（图 1-14），但国外采用粪尿混合处理（图1-15），因此粪尿沟在设计上有所不同。

图 1-14　粪尿分离的粪尿沟设置

图1-15　粪尿不分离的粪尿沟设置

　　在芬兰，狐的标准笼规格是120厘米（长）×105厘米（宽）×70厘米（高），我国种狐笼规格为（100～150）厘米（长）×（70～80）厘米（宽）×（60～70）厘米（高）、皮狐笼的规格为70厘米（长）×70厘米（宽）×50厘米（高）。用作留种、产仔母狐的笼网大小与种公狐的笼网一样尺寸。也有狐场为了提高狐的福利，使用大尺寸的狐笼，规格为100厘米（长）×100厘米（宽）×70厘米（高）（图1-16）。制作笼网用14号镀锌铁筛网，网眼为2.5厘米。由于14号网张力强，利用14号筛网做狐笼，可不用钢筋做骨架，节约用材。

图1-16　狐福利笼

二、产仔箱

貂笼会配产仔箱（图1-17），也称为窝箱，生产季节放上产盘（图1-18）用于生产和养育幼崽，在非生产季节则是睡觉和庇护之所。产仔箱用1.5～2厘米厚的木板制成，规格为30厘米（长）×30厘米（宽）×30厘米（高）。其出入口与貂笼的开口处相接，出入孔直径为10厘米。有人认为种貂产仔需要产仔箱，皮貂没必要设产仔箱。这种想法是错误的，皮貂无产仔箱饲养，会使秋季换毛推迟，毛皮产品质量降低，也增加采食量，提高饲养成本。木质产仔箱使用数量在逐渐减少，复合板材质的产仔箱越来越多，虽然复合板的产仔箱具有价格优势，但透气性不如木质材料好，产仔箱内的湿度较大，幼貂容易发生皮肤病。

图1-17　水貂产仔箱

图1-18　放置在产仔箱中的产盘

种狐有产仔箱，产仔箱平时不用，放在笼网顶上，只在母狐配种后才给挂上产箱，直至分窝后撤掉产箱。狐狸的产仔箱设计不要太高大，高大的产仔箱，狐狸在其中趴卧，剩余空间太大，容易引起狐狸的惊恐。矮小的产仔箱，空间小，容易使狐狸安静。北极狐产仔箱规格为60厘米（长）×50厘米（宽）×45厘米（高），银黑狐产仔箱稍大一点，规格为75厘米（长）×60厘米（宽）×50厘米（高）。在一侧开有带活插板的门，与笼网的侧门对接。带活插板的目的是捉狐狸方便，活板插上后，在笼前或产箱内都能很容易捉出狐狸检查（图1-19）。产箱用2.5厘米厚的木板制成，顶盖用可开启的活板，带锁，用于随时检查和驯化狐狸用。现在也有一些养殖场不设产仔箱，只加一个产仔隔网（图1-20）。

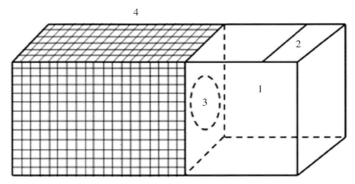

图1-19　种狐笼和产仔箱
1.产箱　2.产箱上面可开启的活板
3.供狐进入产箱的小孔　4.狐笼

图1-20 种狐产仔隔网

三、饲喂设备

可以不特别为水貂准备食盆，将鲜饲料调制得黏稠些，直接放在貂笼上供水貂自由采食（图1-21）。如果需要为水貂准备食槽（图1-22），则大小要适中，以能装250～500克饲料的浅槽为好。如果饲喂颗粒饲料，则需要有专用饲喂食盒。

图1-21 将鲜饲料放置在笼上 　图1-22 水貂食槽

在芬兰，狐的食槽常使用一块斜板制成，板为平面向上（图1-23）。我国狐貉的饲喂大多是手工操作，食槽采用拉出推进的方法（图1-24）。食槽孔开在笼网的右下角底部，在网的右下角，距底部20厘米处剪断，留3个顺翅挡住，狐狸既叼不走，也踩不翻。距网底距离较高，以防止狐狸践踏或往里排便，保持卫生。

图1-23　芬兰狐场常用的食槽

图1-24　我国狐的食槽

四、饮水设备

在水貂生产中，尽管要给水貂配备自动饮水器（图1-25），但每只貂笼中仍然要配有一只水盒（图1-26和图1-27）。水盒可供水貂饮水和嬉水，尤其是夏天，有利于防暑降温。

图1-25 水貂自动饮水设备　　　　图1-26 貂笼设置水盒

图1-27 水貂饮水设备

五、饲料加工设备

市场上有专门针对毛皮动物各生理阶段的饲料，毛皮动物养殖场可以不配备饲料加工设备。如果养殖场选择自配料，则需要根据饲养数量确定饲料加工室和饲料贮藏室的规模及配备相应的饲料加工设备。饲料加工室内，地面及四周墙壁应水泥压光或贴瓷砖，设下水道，以便于刷洗、清扫和排放污水。饲料加工设备包括洗涤、加工、熟制等必需设备，主要有谷物饲料膨化机（图1-28）、粉碎机、绞肉机（图1-29）、搅拌机（图1-30）、高压气罐或简易蒸锅等。

图1-28　饲料膨化机

图1-29　鲜饲料破冰、传送和绞碎设备

图1-30　饲料搅拌机

六、饲料贮藏设备

毛皮动物饲料包括干饲料和鲜饲料。干饲料贮藏要求阴凉、干燥、通风、无鼠虫危害，根据养殖规模确定饲料贮藏室的规模。鲜饲料需要贮藏于冷库或冰柜中，根据饲养数量决定库藏量的规模，如30吨、50吨、100吨。如果饲养数量少，可安装冷藏柜。搅拌好的鲜饲料分装后饲喂（图1-31）。

图 1-31 鲜饲料分装和饲喂车

七、毛皮加工设备

根据饲养量和生产要求设置毛皮加工室，主要包括取皮间、刮油间、洗皮间、上楦整理间、干燥间、检验间和暂储间等。毛皮初加工必需的设施及设备主要有屠宰和毛皮烘干设备，包括致死、剥皮、刮油、洗皮、干燥机、国际标准楦板、加温和通风机及风干箱等。现已有从貂体屠宰到洗皮的一整套生产线。

八、消毒和防疫设备

为做好养殖场的卫生防疫工作，保证动物健康，养殖场必须有完善的清洗消毒设施，包括人员、车辆的清洗消毒和舍内环境的清洗消毒设施（图 1-32）。养殖场均备有兽医室，兽医室应具备较完善的设施设备，主要有灭菌器、消毒喷雾（图1-33）器及常规诊疗设备等。

图1-32　消毒池　　　　　图1-33　喷雾消毒设施

九、电力电讯设备

电是经济、方便、清洁的能源，电力工程是养殖场不可缺少的基础设施。养殖场的供电系统由电源、输电线路、配电线路、用电设备构成。养殖场应尽量利用周围已有的电源，若没有可利用的电源，则需要远距离引入或自建。还应根据生产与经营需要配置电话、电视和网络等电讯工程。

十、其他设备

其他设备包括维修用具（图1-34），捕捉逃跑貂、狐或貉的工具及捕蝇工具等（图1-35至图1-38），清扫工具，粪污焚尸炉等无害化处理设施及设备等。

图1-34 维修用具及设备

图1-35 捕狐用具

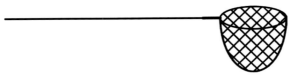

图1-36 捕貂网

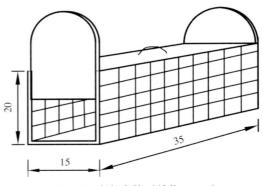

图1-37 水貂串笼（单位：mm）

图1-38　捕蝇工具

（王利华）

第四节　养殖场环境建设

环境是动物赖以生存的基础，是影响养殖场生产水平的主要因素。为使动物生产性能得以充分发挥，获取最高的生产效率，必须改善和控制养殖场的"小气候"。

一、防护设施

养殖场四周距棚舍3～5米处修建围墙（图1-39），高度为1.7～1.9米。墙基牢固光滑，无孔洞，墙基排水沟处设铁丝拦截网。有条件的养殖场，可在围墙外交错栽植无飞絮树木数排，各棚舍之间空地栽种草坪，定期修剪。如用刺网隔离，最好结合绿化培植隔离林带。在养殖场大门及各区域入口处应设相应的消毒设施，如车辆消毒池、人的脚踏消毒槽或喷雾消毒室、更衣间等。对养殖场的一切卫生防护设施，必须建立严格的检查制度，并予以保证，否则只会流于形式。

图1-39　生产区四周的矮围墙

二、道路

场区道路要求在各种气候条件下能保证通车，防止扬尘。应有人员行走和运送饲料的清洁道、供运输粪污和病死动物的污物道及供动物产品装车外运的专用通道。

清洁道也作为场区的主干道，只要排水性好，水泥混凝土、条石、砂土路面均可（图1-40）。宽度一般为

3.5 ～ 6.0米，路面横坡1.0%～ 1.5%、纵坡0.3%～ 8.0%。

污物道路面可同清洁道，也可用碎石或砾石路面、石灰渣土路面。宽度一般为2.0 ～ 3.5米，路面横坡为2.0%～ 4.0%、纵坡0.3%～ 8.0%。

场内道路一般与建筑物长轴平行或垂直布置，清洁道与污物道不宜交叉。道路与建筑物外墙最小距离，当无出入口时以1.5米为宜，有出入口时以3.0米为宜。

图1-40　砂土路面

三、绿化

绿化可以明显改善养殖场的温热、湿度、气流、空气质量、噪声等状况（图1-41）。绿化可增加空气的湿度，冬季降低风速20%，其他季节可达50%～ 80%。有害气体经绿化地区后，至少有25%被阻留净化，煤烟中的二氧化硫可被阻留60%。绿化可减弱噪声的强度，减少空气及水中细菌含量。在养殖场外围的防护林带和各区域之间种植隔离林带，可以防止人、动物任意往来，减少疫病传播的机会。因此，养殖场的绿化率应不低于30%，树木与建筑物外墙、围墙、道路边缘及排水明沟边缘的距离应不小于1米。

图1-41　场区内和场区周围的绿化

四、通风

在炎热的夏季，通过加大气流促进机体散热而使动物感到舒适，可缓和高温对毛皮动物的不良影响。可选择风压较大的轴流式风机进行通风（图1-42），也可使用冷风机，冷风机是一种喷雾和冷风相结合的新型设备。冷风机技术参数各厂家不同，一般喷雾雾滴直径在30微米以下，喷雾量达0.15～0.20米³/小时；通风量为6 000～9 000米³/小时，舍内风速达1.0米/秒以上，降温范围长度为15～18米、宽度为8～12米，降温效果比较好。也可以自行设计地下通风管道，利用地下恒温层实现冬季送暖风或夏季送冷风。

图1-42　貂舍纵向通风

五、控光

在水貂生产中有规律的控光可缩短平均妊娠期，使母貂集中产仔，提高仔貂成活率。生产上使用人工光照补充光照时间的不足，实现人为控光。人工光照采用40 ～ 60瓦的节能灯，离笼顶65 ～ 70厘米，间隔2.5 ～ 3米放1盏灯（图1-43）。

图1-43　貂舍照明灯具

六、蒸发降温

在炎热天气时，可采取必要的防暑设备与设施，以避免或缓和因热应激而引起的健康状况异常和生产力下降。除采用机械通风设备，增加通风换气量，促进对流散热外，还可采用加大水分蒸发或使用直接的制冷设备降低兽舍空气或动物温度的方法。蒸发降温是利用汽化热原理使动物散热或使空气降温的方法。蒸发降温可以促进动物机体蒸发散热和环境蒸发降温，主要有喷淋、喷雾等设备。

（王利华）

第五节　养殖场粪污处理

毛皮动物产生的粪尿、污水可造成水、空气和土壤等的污染。养殖场粪污的处理应符合《畜禽养殖污染防治管理办法》、国家环境保护总局和国家质量监督检验检疫总局发布了《畜禽养殖业污染物排放标准》（GB 18596—2001）、畜禽养殖业污染防治技术规范（2005）、《粪便无害化卫生标准》（GB 7959—1987）、新环保法（2015年元旦实施）的相关规定。

一、粪污处理方案

我国对于养殖废弃物处理的目标是优先资源化利用，其次达标排放。畜禽养殖业污染治理应按照资源化、减量化、无害化的原则进行。改进清粪工艺，减少作业用水，畜禽粪污资源化时应经无害化处理后方可利用。粪肥用量不能超过作物当年生长所需的养分量，而且应有一倍以上的土地用于轮作施肥，不得长期施肥于同一土地。《山东省畜禽养殖粪污处理利用实施方案》中提出全面推行粪污处理基础设施标准化改造，即"一控两分三防两配套一基本"建设。"一控"，即改进节水设备，控制用水量，减少污水产生量。"两分"，即改造建设雨污分流、暗沟布设的污水收集输送系统，实现雨污分离；改变水冲粪、水泡粪等湿法清粪工艺，推行干法清粪工艺，实现干湿分离。"三防"，即配套设施符合防渗、防雨、防溢流要求。"两配套"，即养殖场配套建设储粪场和污水储存池。"一基本"，即粪污基本实现无害化处理、资源化利用。

二、粪尿贮存设施

贮粪池通常用于贮存粪尿分离的固体部分。贮存设施有地下和地上两种型式。在地势不平坦处，建造地下贮粪池比较合适，不占地面，也不需要泵等输送设备，粪靠重力落入粪池，而且地下贮粪池不会对周围环境造成较大污染。在地势较为平坦处，建地上贮粪池较为合适。粪便贮存时间，可按各地作物的生长特性和需肥季节等确定。贮粪池可按6个月的贮存量计。一般对于地下贮粪池来说，合理高度为1.8～3.6米。污水池深度在2～2.5米，一般为上大下小的梯形，设有进污口和清污口，建成3个以上梯度单元，水泥底厚度25厘米左右，体积约为贮粪设施的1/3（图1-44）。

图1-44　污水的三级处理

粪、尿贮存设施均要有防止粪液渗漏的措施，以免污染地下水。要求池底和池壁有较高的抗腐蚀和防渗性能。地上的贮粪池要求建成水泥硬化地面。贮粪池最好有棚（盖）。贮粪池的容积可按下式计算：

$$V = MW \cdot D/970$$

式中：V——贮存设施容积，单位为米^3；

MW——养殖场日产粪量，单位为千克/天；

D——贮存天数，单位为天。

三、粪便资源化利用

（一）用作肥料

毛皮动物的粪便因氮、磷含量比较高，比较适合用作肥料，可生产生物有机肥、厌氧堆肥、好氧堆肥等，也可进行干燥处理。生物有机肥是指以特定功能微生物与畜禽粪便为来源，经无害化处理、腐熟的有机物复合而成，具有微生物肥料和有机肥效应的肥料。主要适合于各类大型养殖场、养殖密集区和区域性有机肥生产中心对固体粪便进行处理。

堆肥是指在人工控制一定的水分、碳氮比和通风条件下，利用微生物降解物料中有机物，并产生高温杀死畜禽粪便中的病原、虫卵，使粪便中的有机物由不稳定状态转变为稳定、无臭无毒的腐殖质的过程。堆肥分为好氧堆肥和厌氧堆肥。好氧堆肥是在氧气充足的条件下，利用好氧微生物降解有机物；厌氧堆肥则是在氧气不足的条件下，利用厌氧微生物降解有机物的过程。堆肥主要适用于各类中小型养殖场和养殖户。

粪便干燥法是以脱水干燥为主的粪便处理方法。经干燥处理后的粪便营养价值高，富含粗蛋白，可生产有机复合肥。干燥法主要包括自然干燥法、人工干燥法。干燥法是近年在鸡粪资源化利用中经常采用的一种方法。貂粪与鸡粪的肥效相似，含水量也接近，因此也可以采用该法进行处理。

（二）生物利用

生物利用主要指用于发酵产沼气，即在厌氧微生物作用下，将有机质分解代谢，最终产生沼气和沼液的过程。沼气发酵包括湿发酵和干发酵。湿发酵指发酵料液的总固体（TS）含量为8%；干发酵指发酵料液的TS含量为20%。沼气发酵的优点是沼气发酵时间短，最快15天左右即可消化，完成处理后的最终产物恶臭味减少，产生的CH_4可以作为能源利用，并且可以将粪尿一起发酵，不需要严格控制粪便的水分含量。毛皮动物粪便产沼气的缺点是处理池体积大，粪中因氮含量比较高而产生的沼气少，沼渣较多，而且发酵受环境温度影响较大。

（三）其他处理方法

粪便可以用于养蛆、养蚯蚓。蚯蚓适合生活在15～25℃、湿度60%～70%、pH 6.5～7.5的土壤中，蚯蚓数量可达1万条/米^2。蚯蚓体内含有丰富的蛋白质，蛋白质含量为鲜体40%以上，干体为70%左右，还含有多种氨基酸，是鸡、鸭、水貂等动物极好的蛋白饲料，可代替鱼粉配入饲料中饲喂。通常一批次的养殖周期为20天左右，即20天左右收获一批蚯蚓，并且蚯蚓粪也是上好的有机肥料。

在粪便资源化利用的各种模式中，就近肥料化利用的种养结合方式应优先选择。"以地定养、以养肥地、种养对接"，通过种养结合，实现可持续发展。

（王利华）

第六节 饲料卫生与安全

毛皮动物饲料主要由动物性饲料、植物性饲料、矿物质饲料、饲料添加剂等组成，其中动物性饲料占50%～70%，植物性饲料占10%～50%。

一、饲料原料的卫生与安全

（一）饲料生物性污染

1.动物性饲料污染及控制 动物性饲料主要包括鱼类及畜禽副产品。易污染动物性饲料的细菌主要包括沙门氏菌、肉毒梭菌、大肠杆菌、变形杆菌、葡萄球菌、副溶血性弧菌等。这些细菌可在生长繁殖过程中或在动物体内产生毒性很强的外毒素和/或内毒素，是引起毛皮动物细菌性中毒的主要原因。因此，应保持饲料原料新鲜（图1-45），禁止使用患病、病死或腐烂变质的畜禽肉及其内脏、鱼类及其副产品（图1-46）饲喂毛皮动物，严格执行国家饲料卫生标准（GB 13078—2017）。

2.植物性饲料污染及控制 霉菌种类繁多，分布广泛，生长繁殖过程中可产生霉菌毒素，导致动物中毒。霉菌毒素一般包括曲霉毒素（黄曲霉毒素、赭曲霉毒素、杂色曲霉毒素）、镰刀菌毒素（单端孢霉烯类化合物、玉米赤霉烯

图1-45 新鲜的动物性饲料

图1-46 腐败变质的动物性饲料间

酮、脱氧雪腐镰刀菌烯醇等）、青霉毒素（青霉素、橘青霉素、黄绿青霉素等）。玉米、小麦等谷物饲料易污染霉菌，产生霉菌毒素，降低营养价值和适口性，损伤肝脏、肾脏等器官，引起动物急性或慢性中毒。应防止霉菌毒素中毒，严格控制谷物饲料卫生质量，或添加霉菌毒素吸附剂，严格执行国家饲料卫生标准。

3.饲料寄生虫污染及控制 毛皮动物饲料中常见的寄生虫种类主要包括畜禽肉及内脏中的寄生虫（猪囊尾蚴、旋毛虫、刚第弓形虫、肝片吸虫等）、水产品中的寄生虫（华枝睾吸虫、刚棘颚口线虫、肾膨结线虫）、农产品中的寄生虫（姜片吸虫、钩虫、蛔虫）等。寄生虫及其虫卵可直接污染饲料，毛皮动物采食后，在体内特定部位发育、繁殖，引起宿主的组织、器官机械性损伤；掠夺养分，导致机体消瘦、贫血、抵抗力下降；生长发育过程中产生的有毒分泌物和代谢产物，对机体产生毒害作用，尤其是对神经系统和血液循环系统危害较大。饲料寄生虫污染主要通过饲料检疫、控制寄生虫的传染途径、污染饲料的处理等措施来进行控制。

（二）饲料非生物性污染

毛皮动物饲料主要为动物性饲料，脂肪含量高，贮存过程中易腐败变质（图1-47），不仅影响适口性，还可产

图1-47 鱼变质，体表发黄

生对机体有害的成分。因此，动物性饲料应低温贮存。此外，还应防止有机氯污染物（农药）和重金属元素对饲料的污染。

二、饲料加工过程的卫生与安全

1.饲料加工车间的安全卫生　保证绞肉机、混合机等加工设备和车间地面的清洁卫生（图1-48），每次加工完饲料后要及时将加工机械和地面冲洗干净，防止机器内残留饲料的腐败变质。

图1-48　整洁的饲料车间

2.原料解冻过程的卫生与安全　冷冻的鱼类、鱼排及畜禽副产品，最好不要解冻，直接破碎后进行加工可保证原料的新鲜度；没有破碎条件的养殖场，需要先解冻再加工，可自然阴凉解冻，也可人工解冻，但要保证整个冻板均匀，禁止太阳暴晒解冻，尤其是在夏季。

（李文立）

一、毛皮动物养殖场的防疫措施

随着毛皮动物养殖业集约化、规模化的发展，加强饲养管理、防疫卫生、检疫、隔离、消毒等工作，提高动物的健康水平和抗病能力，控制传染病的传播，贯彻"预防为主"的方针尤为重要。在规模养殖中，兽医工作的重点应放在群发病的防控，而不是忙于治疗个别病兽，否则兽群发病率不断增加，工作完全陷入被动。

（一）综合性措施

动物传染病的流行是传染源、传播途径和易感动物三个因素相互联系、作用的结果。消除或切断三个因素间的相互作用，就可控制传染病的流行。根据不同传染病的流行特点，制订重点防控措施，力争在短期间内以最少的人力、物力控制其流行。例如犬瘟热、病毒性肠炎等应以预防接种为重要措施，而狐狸阴道加德纳氏菌病则以控制病兽和带菌兽为重点措施。但是只采用单项防疫措施是不够的，必须采取包括"养、防、检、治"四个环节的综合性措施。

1.平时的预防措施　贯彻自繁自养的原则，加强饲养管理，做好卫生消毒工作，提高动物的抗病能力，降低疫病传播；定期预防接种、补种、杀虫、灭鼠，对粪污进行无害化处理；认真执行国家相关检疫工作，及时发现并消灭传染源；兽医机构应调查研究当地疫情，组织毗邻地区对动物传染病的防控进行协作，防止外来疫病的侵入。

2.发生疫病时的扑灭措施 及时发现、诊断和上报疫情，并通知邻近地区做好预防工作；迅速隔离病兽，对污染的地方进行紧急消毒。若发生重大疫病如炭疽等，应采取封锁等综合性措施；对健康兽群进行紧急疫苗接种，对病兽进行及时、合理的治疗；对病死兽和淘汰病兽进行无害化处理。

预防措施和扑灭措施是互相联系、互相配合和互相补充的。

在流行病学方面，疫病预防就是采取各种措施将传染病排除于一个未受感染的动物群体之外，通常包括采取隔离、检疫等措施防止传染源进入尚未发生疫情的地区；采取集体免疫、集体药物预防、改善饲养管理和加强环境保护等措施，保障动物不受已存在于该地区的疫病传染。疫病防控就是采取各种措施，减少或消除疫病的病源，降低已出现于动物群中疫病的发病数和死亡数，把疫病限制在尽量小的范围内。疫病的消灭是指一定种类病原体的消灭。在全球范围消灭一种疫病是很不容易的，但在一定的地区范围内，只要认真采取一系列综合性兽医措施，如查明患病动物、选择屠宰、动物群淘汰、隔离检疫、动物群体免疫和治疗、环境消毒、控制传播媒介及带毒/菌者等，经过长期不懈的努力是完全能够消灭某些疫病。

（二）检疫

动物检疫是遵照国家法律，运用强制性手段和科学技术方法预防和阻断动物疾病的发生，防止疾病从一个地区向另一个地区的传播。动物检疫工作得以正常开展，发挥其应有的作用，是以有关的检疫法规作根本保证的。目前，涉及动物检疫方面的法律法规有《中华人民共和国进出境动植物检疫法》《中华人民共和国进出境动植物检疫法实施条例》《中华人民共和国动物防疫法》《中华人民共和国进境动物一、二类传染病、寄生虫病名录》《中华人民共和国禁止携带、邮寄进境的动物、动物产品及其他检疫物名录》等。

根据动物及其产品的动态和运转形式，动物检疫可分为产地检疫、运输检疫与国境口岸检疫。

1.产地检疫 是动物生产地区的检疫。做好这些地区的检疫是直接控制动物传染病的好办法。

2.运输检疫 可分铁路检疫和交通要道检疫两种。

（1）**铁路检疫** 是防止动物疫病通过铁路运输传播，以保证农牧业生产和人民健康的重要措施之一。

（2）**交通要道检疫** 指无论水路、陆路或空中运输各种畜禽及其产品，起运前必须经过兽医检疫，检疫合格并签发检疫证书，方可允许装运。对在运输途中发生的传染病患病动物及其尸体，要就地认真进行无害化处理；对装运患病动物的车辆、船只，要彻底清洗消毒；运输动物到达目的地后，要做隔离检疫，待观察、检疫判明确实无病时，才能与原有健康动物混群。

3.国境口岸检疫 指为了维护国家主权和国际信誉，保障我国农牧业安全生产，既不能允许国外动物疫病传入，也不允许将国内动物疫病传到国外的检疫。

（三）隔离

隔离患病动物和可疑感染动物是防控动物传染病的重

要措施之一，是为了控制传染源，将疫情控制在最小范围内，就地扑灭。因此，发生动物疫病流行时，应先查明动物群中疫病的蔓延程度，逐只检查临诊症状，必要时进行实验室检测，应注意不能使检查工作成为疫病散播传染的途径。根据诊断、检疫的结果，可将全部受检动物分为患病动物、可疑感染动物和假定健康动物三类，以便分类对待。

1.**患病动物**　有典型症状或类似症状，或其他特殊检查阳性的动物，是危险性最大的传染源，应选择不易散播病原体、消毒处理方便的场所进行隔离。若病兽较多，可将其隔离在原来的兽舍。严格消毒，加强卫生和护理，专人看管，并及时治疗。禁止闲杂人、兽出入和接近隔离场所。工作人员出入要遵守消毒制度。隔离区内的用具、饲料、粪污等，未经彻底消毒处理，不得运出。没有治疗价值的病兽，应由兽医人员根据国家有关规定进行无害化处理。

2.**可疑感染动物**　与患病动物及其污染的环境有过明显接触，如同群、同舍、使用共同的用具等，但未表现任何临床症状的动物，有可能处在潜伏期，有排菌（毒）的危险，应在消毒后，另选地方将其隔离、观察；出现症状的则按患病动物处理。有条件时，应进行紧急免疫接种或预防性治疗。隔离时间应根据相关传染病的潜伏期而定。

3.**假定健康动物**　是指疫区内其他易感动物。应与上述两类动物严格隔离饲养，加强防疫消毒和保护工作，进行紧急免疫接种，必要时可根据实际情况分散喂养。

（四）封锁

当暴发重要动物传染病时，除严格隔离病兽之外，还应采取划区封锁的措施，以防止疫病向安全地区散播和健康动物误入疫区而被传染，保护广大地区动物的安全和人民的健康，把疫病控制在封锁区之内，集中力量就地扑灭。根据我国"动物防疫法"的规定，当确诊为炭疽等一类传染病或当地新发现传染病时，兽医人员应立即上报当地政府机关，划定疫区范围，进行封锁。封锁区的划分，必须根据相关传染病的流行规律、当时的疫情和当地的具体条件，确定疫点、疫区和受威胁区。按"早、快、严、小"的原则执行封锁，即执行封锁应在流行早期，行动果断迅速，封锁严密，范围不宜过大。根据《中华人民共和国动物防疫法》规定的原则，具体措施如下：

1.封锁的疫点采取的措施 严禁人、畜禽、车辆出入和畜禽产品及可能污染的物品运出；在特殊情况下人员必须出入时，需经有关兽医人员的许可，经严格消毒后出入；对病死畜禽及其同群畜禽，县级以上农牧部门有权采取扑杀、销毁或无害化处理等措施，畜主不得拒绝；疫点出入口必须设有消毒设施，疫点内用具、圈舍、场地必须进行严格消毒，疫点内的畜禽粪便、垫料、受污染的饲料必须在兽医人员监督指导下进行无害化处理。

2.封锁的疫区采取的措施 交通要道必须建立临时性检疫消毒卡，备有专人和消毒设备，监视畜禽及其产品移动，对出入人员、车辆进行消毒；停止集市贸易和疫区内畜禽及其产品的采购；未污染的畜禽产品必须运出疫区时，需经县级以上农牧部门批准，在兽医防疫人员监督指导下，经外包装消毒后运出；非疫点的易感畜禽，必须进行检疫或预防注射；农村城镇饲养及牧区畜禽与放牧水禽必须在指定地区放牧，役畜限制在疫区内使役。

3.受威胁区及其采取的主要措施 疫区周围地区为受威胁区，应采取如下主要措施：对受威胁区内的易感动物应及时进行预防接种，以建立免疫带；管好本区易感动物，禁止出入疫区，并避免饮用疫区流过来的水；禁止从封锁区购买牲畜、草、料和畜产品，如从解除封锁后不久的地区买进畜禽或其产品，应注意隔离观察，必要时对畜产品进行无害化处理；对设在本区的屠宰场、加工厂、畜产品仓库进行兽医卫生监督，拒绝接受来自疫区的活畜禽及其产品。

4.解除封锁 疫区内（包括疫点）最后一头患病动物被扑杀或痊愈后，经过该病一个潜伏期以上的检测、观察，未再出现患病动物，经彻底清扫消毒，由县级以上农牧部门检查合格后，经原发布封锁令的政府发布解除封锁，并通报毗邻地区和有关部门。疫区解除封锁后，病愈动物需根据其带毒时间，将其控制在原疫区范围内活动，不得将其调到安全区。

（五）消毒

消毒是贯彻"预防为主"方针的一项重要措施，是针对病原微生物的，并不要求消除或杀灭所有微生物；它是相对而不是绝对的，只要求将有害微生物的数量减少到无害程度，而并不要求把所有有害微生物全部杀灭。消毒的目的就是消灭外界环境中的病原体，切断传播途径，阻止疫病继续蔓延。

1.消毒的分类 根据消毒的目的，可分为预防性消毒、随时消毒以及终末消毒三种。

（1）**预防性消毒** 结合平时的饲养管理对兽舍、场地、用具、饮水、运输工具和皮毛原料进行消毒以及对粪便污水等进行无害化处理。旨在未发现传染病的情况下，对有可能被病原微生物污染的场所、物品和动物体等定期消毒，有效地减少传染病的发生，以达到预防一般传染病的目的。

（2）**随时消毒**　在发生传染病时，对存在或曾经存在的传染源及被病原体污染的场所进行消毒，为了及时消灭刚从传染源排出的病原体而采取的消毒措施。消毒的对象包括病兽所在的兽舍、隔离场地，以及被病兽分泌物、排泄物污染和可能污染的一切场所、用具和物品，进行定期的多次消毒，病兽隔离舍应每天和随时进行消毒。

（3）**终末消毒**　在病兽解除隔离、痊愈或死亡后，或者在疫区解除封锁之前，为了消灭疫区内可能残留的病原体所进行的全面彻底的消毒，主要包括环境消毒、饮水消毒、污水消毒、养殖场消毒、饲料消毒与人员的卫生处理等。

2.常用的消毒方法

（1）**机械性清除**　用机械的方法，如清扫、洗刷、通风等清除病原体，是最普通、常用的方法。如兽舍地面的清扫和洗刷等，可以使兽舍内的粪污、垫草、饲料残渣清除干净（图1-49和图1-50）。随着污物的消除，大量病原体

图1-49　环境清洁卫生的场

图1-50 环境卫生很差的场

也被清除。机械性清除不能达到彻底消毒的目的，必须配合其他消毒方法进行。根据病原体的性质，对清扫出来的污物进行堆沤发酵、掩埋、焚烧或其他药物处理。清扫后的兽舍地面还需要喷洒化学消毒药或采用其他方法，才能将残留的病原体消灭干净。

（2）**物理消毒法**

①阳光、紫外线和干燥：阳光是天然的消毒剂，其光谱中的紫外线有较强的杀菌能力。阳光的灼热和蒸发水分作用引起的干燥亦有杀菌作用。一般病毒和非芽孢性病原，在直射的阳光下几分钟至几小时可以被杀死。即使是抵抗

力很强的细菌芽孢，连续几天在强烈的阳光下暴晒，也可以变弱或被杀灭。因此，阳光对于用具和物品等的消毒具有重要的意义。但阳光的消毒能力取决于很多条件，如季节、时间、纬度、天气等，因此要灵活掌握并配合其他方法进行。

在实际工作中，常用（如实验室等）人工紫外线进行空气消毒。根据波长，可将紫外线分为A波、B波、C波和真空紫外线。消毒灭菌使用的紫外线为C波紫外线，其波长为200～275纳米，杀菌作用最强的波段是250～270纳米。要求消毒用紫外线灯在电压220伏时，辐射的253.7纳米紫外线强度不得低于70微瓦/厘米^2（普通30瓦直管紫外线灯在距灯管1米处测定的）。革兰氏阴性细菌对紫外线最为敏感，革兰氏阳性细菌次之。紫外线消毒对细菌芽孢无效。一些病毒也对紫外线敏感。紫外线虽有一定使用价值，但它的杀菌作用受很多因素的影响，如它只能对表面光滑的物体才有较好的消毒效果。对污染表面消毒时，灯管距表面应不超过1米。灯管周围1.5～2米处为消毒有效范围。消毒时间为1～2小时。

②高温：火焰的烧灼和烘烤是简单而有效的消毒方法，但其缺点是很多物品会由于烧灼而被损坏，因此实际应用并不广泛。不易燃的兽舍地面、墙壁、金属制品可用喷火消毒。应用火焰消毒时，必须注意房舍物品和周围环境的安全。

③煮沸消毒：大部分非芽孢病原微生物在100℃的沸水中迅速死亡，大多数芽孢在煮沸后15～30分钟内亦能被杀死。煮沸1～2小时几乎可以消灭所有的病原体。各种金属、木质、玻璃用具、衣物等都可以进行煮沸消毒。

④蒸汽消毒：相对湿度在80%～100%的热空气能携带许多热量，遇到物品即凝结成水，放出大量热能，因而能达到消毒的目的。这种消毒法与煮沸消毒的效果相似，在农村一般利用铁锅和蒸笼进行。高压蒸汽消毒在实验室和病死动物化制站应用较多。

（3）**化学消毒法**　在兽医防疫实践中，常用化学药品的溶液进行消毒。化学消毒的效果决定于许多因素，例如病原体抵抗力、所处环境的情况和性质、消毒时的温度、药剂浓度、作用时间等。在选择化学消毒剂时，应考虑对病原体消毒力强、对人兽毒性小、不损害被消毒物体、易溶于水、在消毒环境中比较稳定、不易失去消毒作用、价廉易得和使用方便等。

（4）**生物热消毒**　主要用于粪污的无害化处理。在粪便堆沤过程中，利用粪便中的微生物发酵产热，可使温度高达70℃以上。经过一段时间，可以将病毒、细菌（芽孢除外）、寄生虫卵等病原体杀死而达到消毒的目的，同时又保持了粪便的良好肥效。在发生一般疫病时，这是很好的一种粪便消毒方法。但这种方法不适用于由产芽孢细菌所致疫病（如炭疽等）的粪便消毒，这种粪便须焚毁。

（六）杀虫

蝇、蚊等节肢动物是动物传染病的重要传播媒介，杀灭这些媒介昆虫和防止它们的侵扰，在预防和扑灭动物疫病方面具有重要意义。常用的杀虫方法有物理杀虫法、药物杀虫法等。

1. 物理杀虫法　以喷灯火焰喷烧昆虫聚居的墙壁、用具等的缝隙，或以火焰焚烧昆虫聚居的垃圾等废物；用沸水或蒸汽烧烫兽舍和衣物上的昆虫；低温的杀灭作用一般不大，只能使昆虫的生命活动暂停。因在寒冷的环境下，节肢动物可陷于假死状态（原生质的冻结），如将假死状态的节肢动物放在适宜的温度下，它仍可复活；机械的拍、打、捕、捉等方法，亦能杀灭一部分昆虫。

2. 药物杀虫法　主要是应用化学杀虫剂来杀虫。根据杀虫剂对节肢动物的毒杀作用，可将杀虫剂分为胃毒作用药剂、触杀作用药剂、熏蒸作用药剂及内吸作用药剂等。

（七）灭鼠

鼠类给人类经济生活造成了巨大损失，同时也严重危害了人与动物的健康。鼠类是很多种人与动物传染病的重要传播媒介和传染源，可以传播炭疽、布鲁氏菌病、结核病、土拉杆菌病、李氏杆菌病、钩端螺旋体病、伪狂犬病、巴氏杆菌病和立克次体病等。所以灭鼠对保护人与动物的健康及国民经济建设具有重大意义。

灭鼠的工作应从两个方面进行，一方面根据鼠类的生态学特点防鼠、灭鼠，应从兽舍建筑和卫生措施方面着手，预防鼠类的滋生和活动，使其难以得到食物和藏身之处，使鼠类在各种场所生存的可能性达到最低限度。另一方面，直接杀灭鼠类，灭鼠的方法大体上可分两类，即器械灭鼠法和药物灭鼠法。

二、免疫接种和药物预防

（一）免疫接种

免疫接种是激发动物机体产生特异性抵抗力，使易感动物转化为不易感动物的一种手段是预防和控制动物传染病的重要措施之一，如在犬瘟热、病毒性肠炎等病的防控措施中，免疫接种具有关键性作用。根据免疫接种时机的不同，分为预防接种和紧急接种。

1.预防接种 在经常发生某些传染病、有某些传染病潜在或受到邻近地区某些传染病经常威胁的地区，为了防患于未然，平时有计划地给健康动物进行的免疫接种，称为预防接种，通常使用疫苗等生物制剂。用于人工主动免疫的生物制剂统称为疫苗，包括用细菌等制成的菌苗、用病毒制成的疫苗和用细菌外毒素制成的类毒素等。根据生物制剂的品种不同，可采用皮下、肌内注射等接种方法。

（1）**预防接种计划** 为了更好地制订预防接种计划，应首先调查当地动物传染病的发生和流行情况。弄清楚过去经常发生的传染病及流行时间，以此作为参考拟订每年的预防接种计划。例如，某些地区为了预防犬瘟热等传染病，要求每年全面地定期接种2～3次。有时也进行计划外的预防接种。例如输入或运出动物时，为了避免在运输途中或到达目的地后暴发某些传染病而进行的预防接种，一般可采用疫苗，若时间紧迫，也可用免疫血清，后者可立即产生免疫力，但维持时间仅半个月左右。

预防接种前，应对被接种的动物进行详细的检查和调查了解，特别注意其健康状况、年龄、是否在怀孕或泌乳，以及饲养条件等。成年、体质健壮或饲养管理条件较好的动物，接种后会产生好的免疫力。反之，幼年、体质弱、有慢性病或饲养管理条件不好的动物，接种后产生的免疫力就弱些，也可能发生较明显的接种反应。怀孕母兽，特别是临产前的母兽，在接种时由于捕捉等影响或者由于疫苗所引起的反应，有时会引发流产或早产，或者会影响胎儿的发育。泌乳期母兽预防接种后，有时会暂时减少产奶量。所以，对于幼年、体质弱、有慢性病和怀孕后期的母兽，如果不是已经受到严重的烈性传染病威胁，不宜进行疫苗接种。对那些饲养管理条件不好的动物，在进行预防接种的同时，必须创造条件改善饲养管理。

接种前，应注意了解当地有无传染病流行。如发现疫情，应先安排对当时所流行疫病的紧急免疫接种。如无特殊疫病流行，则按原计划进行定期预防接种。一方面组织力量，向群众做好宣传发动工作；另一方面准备疫苗、器材、消毒药品和其他必要用具。接种时，防疫人员要爱护动物，认真消毒，剂量、部位准确。接种后，应加强饲养管理，使机体产生较好的免疫力，减少接种的应激反应。

（2）**应注意预防接种的反应**　预防接种发生反应的原因较复杂，是由多种因素造成的。生物制品对于机体而言属于异物，进入机体后总有个反应过程，只不过反应的性质和强度有所不同。反应可分为正常反应、严重反应与合并症三类。

①正常反应：指因制品本身的特性而引起的反应，其性质与反应强度随制品而异。有些制品有一定毒性，接种后可以引起一定的局部或全身反应；有些制品是活菌苗或活疫苗，接种后实际是一次轻度感染，也会引起某种局部反应或全身反应。

②严重反应：在性质上，与正常反应没有区别，但反应程度较重或发生反应的动物数量超过正常比例。引起严重反应的原因较多，如生物制品质量差、使用方法不当或个别动物对某种生物制品过敏等。严格控制生物制品质量

和遵照说明书使用可以减少此类反应的发生。

③合并症：指与正常反应性质不同的反应，主要有血清病、过敏休克、变态反应等超敏感反应。接种活疫苗后防御机能不全或遭到破坏时，会扩散为全身感染和诱发潜伏感染。

（3）**疫苗的联合使用**　同一地区，同一种动物，在同一时间往往会有两种以上传染病流行。一般地，同时给动物接种两种以上疫苗可分别刺激动物机体产生多种抗体，可能相互促进，有利于抗体的产生，也可能相互抑制，阻碍抗体的产生。同时，动物机体对疫苗的反应是有一定限度的，机体不能忍受过多刺激时，不仅可能引起较剧烈的接种反应，而且机体产生抗体的机能会减弱，从而降低免疫接种的效果。因此，联合使用疫苗需通过试验来验证。国内外经过大量试验研究，如犬瘟热、犬传染性肝炎联合苗，一针可防多病，能大大提高防疫工作效率，这是疫苗的一个重要发展方向。

（4）**免疫程序**　一个地区、一个养殖场可能发生多种传染病，而用来预防这些传染病的疫（菌）苗性质不尽相同，诱导动物机体产生免疫力的能力也不尽相同。因此，养殖场需用多种疫（菌）苗来预防不同的传染病，也需要根据不同疫（菌）苗的免疫特性合理地制订预防接种的次数和间隔时间，即免疫程序。免疫接种须按合理的免疫程序进行。免疫过的怀孕母兽所产仔兽体内在一定时间内有母源抗体，会影响疫苗接种的免疫效果。在生产中，没有一个可供统一使用的疫（菌）苗免疫程序，一般需要根据本地区、本养殖场具体情况制订相应的合理的免疫程序。

2.紧急接种　指在发生传染病时，为了迅速控制传染病的流行而对疫区和受威胁区尚未发病动物进行的应急性免疫接种。从理论上说，应用免疫血清进行紧急接种较为安全有效，但因用量大、价格高、免疫期短，且往往供不应求，在实践中很少使用。在疫区内使用某些疫（菌）苗进行紧急接种是切实可行的。

在疫区，使用疫苗进行紧急接种，必须对受到传染威胁的动物逐头进行检查，仅能对正常无病的动物用疫苗进行紧急接种。对患病动物及可能已受感染的潜伏期动物，须进行严格消毒并立即隔离，不能进行紧急接种疫苗。在假定健康的动物中可能混有一部分潜伏期动物，处于潜伏期的动物在接种疫苗后不能获得保护，反而会促使其发病，因此在紧急接种后一段时间内兽群中发病有增多的可能，但因这些急性传染病的潜伏期较短，而疫苗接种后又很快就能产生抵抗力，所以发病率不久即下降，使传染病的流行很快停息。

（二）药物预防

药物预防是为了预防某些传染病，在动物的饲料或饮水中加入某种安全的药物进行动物群体的化学预防，可以使受到威胁的易感动物在一定时间内不受疫病的危害，是防控动物传染病的有效措施之一。

群体化学预防和治疗是传染病防控的一种新途径。某些传染病在一定条件下，采用此种方法可以收到显著效果。养殖场可能发生的疫病种类很多，其中有些传染病的防控有有效的疫（菌）苗可用，但还有许多病尚无疫（菌）苗可以利用；另外，还有些病虽有疫（菌）苗，但实际应用存在问题。因此，对于这些传染病的防控，除了加强饲养管理，搞好检疫诊断、环境卫生和消毒工作外，使用药物防治也是一项重要措施。

现代化养殖场进行工厂化生产，必须努力做到动物群体无病、无虫、健康。而当前的饲养模式又极易使动物群体中流行传染病和寄生虫病，因而保健添加剂在生产中使用普遍。但是长期使用化学药物预防，容易产生耐药性菌株，影响防治效果。另外，长期使用抗生素等药物预防某些疾病如绿脓杆菌病、大肠杆菌病、沙门氏菌病等，还会严重危害人类的健康。在某些国家倾向于用疫（菌）苗来防控这些疾病，而不主张采用药物预防。

（李宏梅　李廷鹏　李海英）

第二章
毛皮动物疾病临床诊断方法

第一节 常规诊断方法

及时而正确的诊断是动物疾病预防工作的重要环节，关系到能否有效地防控疾病。临床诊断是最基本的诊断方法。动物疾病常规诊断方法主要包括问诊、视诊、触诊、叩诊、听诊、嗅诊、剖检等方法，有时也包括血、粪、尿的常规检验，方法简便、易行。在进行临床诊断时，应注意对整个患病兽群所表现的综合症状加以分析判断，不要单凭个别或少数病例的症状轻易下结论，防止误诊，对病情提出可能性的诊断，为采取有效的防治措施、制订合理的饲养管理方案提供强有力的保证。

一、问诊

问诊主要是通过动物主人了解动物的发病情况（图2-1），包括病史、既往史及饲养管理情况等。了解发病时间，以及疾病的经过和发展变化情况；了解动物发病的主要表现，如精神、食欲、呼吸、排粪、排尿、运动及其他异常行为表现等，借以推断疾病的性质及发生部位；发病后是否治疗过，效果如何。既往史是否患过有同样表现的疾病，以判断是否是旧病复发、传染病或中毒性疾病等。了解饲养管理情况，如食物种类及是否突然改变，卫生消毒措施、驱虫情况等，有利于推断疾病种类。

图2-1　兽医人员在认真向养殖场主询问动物发病情况

二、视诊

视诊是通过肉眼观察和利用各种诊断器具对动物整体和病变部位进行观察（图2-2至图2-5）。观察其精神状态、营养状况、体格发育状况、姿势、运动行为等有无外观变化；被毛、皮肤及体表病变；可视黏膜及与外界相通体腔黏膜的色泽变化；病兽的分泌物、排泄物及其他病理产物的性状、数量等。

图2-2　视诊观察动物大群情况

图2-3　视诊观察被毛等情况

图2-4　视诊观察眼结膜

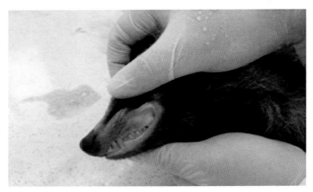

图2-5　视诊观察口腔黏膜

三、触诊

触诊指通过手的感觉进行诊断（图2-6至图2-8）。触诊主要检查体表和内脏器官的病变性状。触诊所感觉到的病变性质主要有波动感、捏粉样、捻发音、坚实及硬固等。触诊时，要注意检查人员的自身安全。

图2-6　触诊前肢

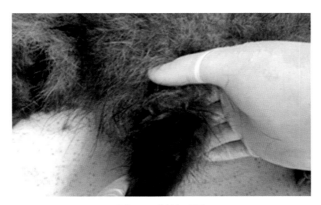

图2-7　触诊后肢

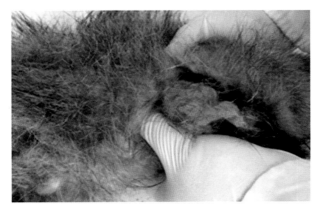

图2-8　触诊腹部

1. 波动感　柔软而有弹性，指压不留痕，间歇压迫时有波动感，见于组织间有液体潴留且组织周围弹力减退，如血肿、脓肿及淋巴外渗等。

2. 捏粉样　感觉稍柔软，指压留痕，如面团样，除去压迫后恢复缓慢，见于组织间发生浆液性浸润，多表现为浮肿或水肿。

3. 捻发音　感觉柔软稍有弹性及有气体向邻近组织流窜，同时可听到捻发音，见于组织间有气体积聚，如皮下气肿、恶性水肿等。

4. 坚实　感觉坚实致密而有弹性，像触压肝脏一样，见于组织间发生细胞浸润或结缔组织增生，如蜂窝织炎、肿瘤、肠套叠等。

5. 硬固　感觉组织坚硬如骨，见于异物、硬粪块等。

四、叩诊

叩诊是根据叩打动物体表所产生的音响性质来推断内部器官的病理状态。简单的叩诊方法可采用指指叩诊法，即将左（右）手指紧贴于被叩击部位，另以屈曲的右（左）手中指进行叩击（图2-9和图2-10）。也可用槌板叩诊法（图2-11和图2-12）。叩诊音可分为清音、浊音及鼓音等。正常肺部的叩诊音为清音，叩诊厚层肌肉的声音为浊音，叩诊胀气的腹部为鼓音。

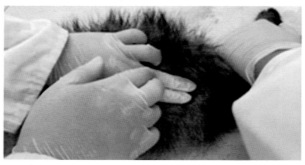

图2-9　指指叩诊胸部

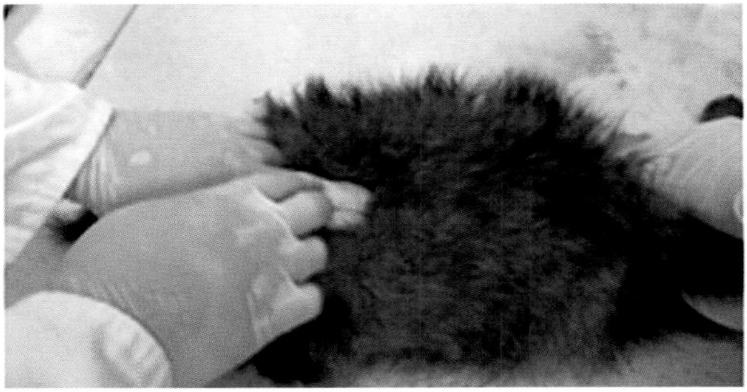

图2-10　中指叩诊肷部

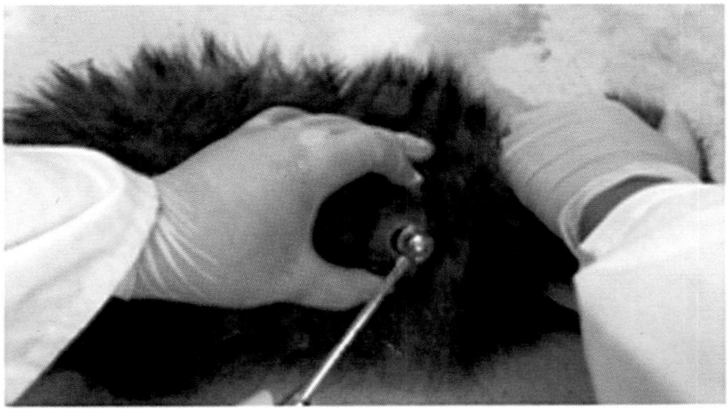

图2-11　槌板叩诊胸部

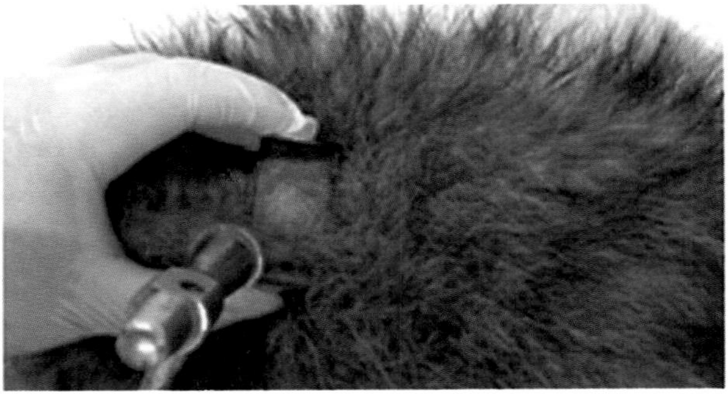

图2-12　槌板叩诊肷部

五、听诊

听诊是用听诊器听取体内深部器官发出的音响（图2-13和图2-14），推测其有无异常的方法。主要应用于了解心脏、呼吸器官、胃肠运动的机能变化及胎音等。听诊时，动物的被毛与听诊器之间的摩擦音或外部各种杂音的影响，往往妨碍听诊。因此，听诊必须全神贯注，正确识别发音的性质，并将其病性与生理状态进行比较。

图2-13　听诊呼吸音

图2-14　听诊肠音

六、嗅诊

嗅诊指通过嗅闻辨别动物呼出气体、分泌物、排泄物及病理产物的气味，推测其有无异常的方法。

七、病理剖检

在临床实践中，仅靠外部的表现很难对许多疾病作出确切的诊断，必须根据病理变化，结合临床症状，对疾病作出进一步诊断。患传染病而死亡的动物尸体，多有一定的病理变化，可作为诊断的依据之一。如水貂阿留申病、病毒性肠炎等疾病有特征性的病理变化，常有助于诊断。有的患病动物，特别是最急性死亡的病例和早期解剖的病例，有时特征性的病变尚未出现，因此尽可能多剖检几只，并选择症状较典型的病例进行剖检。有些疾病除肉眼检查外，还需进行病理组织学检查，如疑为狂犬病时，应取脑海马角组织进行包含体检查。

（一）病理剖检方法

病死兽呈仰卧姿式（图2-15），置于搪瓷盘内或解剖台上，腹部向上，四脚分开；腹部用消毒药消毒，沿腹中线剪开或切开皮肤，再沿中线切口向每条腿切开，然后分离皮肤，检查皮下有无出血、水肿及其他病变；沿腹中线切开腹壁，用镊子挑起腹肌，防止刺破肠管。打开腹腔后，首先检查腔内腹水的色泽、量和清浊度，然后依次检查腹膜、肝、胆囊、胃、脾、肠道、胰、肠系膜、淋巴结、肾、膀胱和生殖器官。打开胸腔后,依次检查心、肺、胸膜、上呼吸道及肋骨,必要时打开口腔、鼻腔及脑等,进行检查。

图2-15 解剖貉

（二）检查内容

1. **皮下检查** 主要检查皮下有无出血、水肿、炎性渗出、化脓、坏死与淋巴结的变化等（图2-16）。

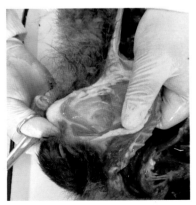

图2-16 皮下检查

2.上呼吸道检查 　主要检查鼻腔、喉头黏膜及气管环间是否有炎性分泌物、充血和出血（图2-17）。

图2-17　剥离气管

3.胸腔检查 　主要检查胸腔积液、色泽，胸膜、肺脏、心肌、心包是否充血、出血、变性、坏死等（图2-18）。

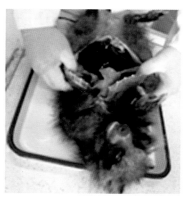

图2-18　胸腔检查

4. 腹腔检查 主要检查腹水、纤维素性渗出、寄生虫结节；脏器色泽、质地，有无肿胀或萎缩、充血、出血、化脓灶、坏死、粘连等。检查脾脏、肝脏、肾脏是否肿胀、出血、坏死等。检查膀胱内是否有集尿、结石，黏膜是否有出血等。检查胃、十二指肠、空肠、回肠、结肠、盲肠、直肠等是否有出血、黏膜脱落、溃疡、肠壁变薄、伪膜、积液、集气等（图2-19和图2-20）。

图2-19　脾脏检查

图2-20　肝脏检查

5.生殖器官检查 检查母兽阴道黏膜是否充血肿胀，子宫颈是否糜烂、水肿、充血和出血，卵巢是否有囊肿；公兽阴茎、包皮睾丸、阴囊等是否有异常（图2-21）。

图2-21 睾丸、阴囊检查

6.大脑检查 主要检查大脑是否充血、出血、脑水肿；头盖骨是否变形等。

八、流行病学诊断

流行病学诊断是针对患传染病的动物群体，与临床诊断联系在一起的重要诊断方法。某些动物疾病的临诊症状虽然基本上是一致的，但其流行特点和规律却不一致。例如犬瘟热、弓形虫病、传染性肝炎等疾病，仅靠临诊症状难以鉴别，但从流行病学方面却不难区分。流行病学诊断是在流行病学调查（即疫情调查）的基础上进行的。疫情调查可在临诊过程中进行，如以座谈方式向养殖场主或工作人员询问病情，并对现场进行仔细观察、检查，取得第一手资料，然后对材料进行分析处理，作出诊断。调查的内容或提纲按不同的疫病和要求而制订，一般应弄清下列有关问题。

①本次流行的情况：最初发病的时间、地点，随后蔓延的情况，目前的疾病分布。疫区内各种动物的数量和分布情况，发病动物的种类、数量、年龄、性别。查明其感染率、发病率、病死率和死亡率。

②疾病来源的调查：本地是否曾经发生过类似的疾病？何时何地？流行情况如何？是否经过确诊？有无历史资料可查？何时采取过何种防治措施？效果如何？如本地未发生过，附近地区是否曾经发生过？这次发病前，是否曾由其他地方引进动物、动物产品或饲料？输出地有无类似的疾病存在？

③传播途径和方式的调查：本地各类有关动物的饲养管理方法，使役和放牧情况，动物流动、收购以及防疫卫生情况如何？交通检疫、市场检疫和屠宰检验的情况如何？死病动物处理情况如何？有哪些助长疫病传播蔓延的因素和控制疾病的经验？疫区的地理、地形、河流、交通、气候、植被和野生动物、节肢动物等的分布和活动情况，它们与疾病的发生及蔓延传播有无关系？

④该地区的政治、经济基本情况，群众生产和生活活动的基本情况和特点，畜牧兽医机构和工作的基本情况，当地领导、干部、兽医、饲养员和群众对疫情的看法如何等。

综上所述，可以看出，疫情调查不仅可给流行病学诊断提供依据，而且能为拟定防治措施提供依据。

（谢之景　张大林　梁玉颖）

运用兽医微生物学与病毒学的方法进行病原学检测是诊断动物传染病的重要方法之一，常用下列方法和步骤。

1.病料采集　正确采集病料是实验室诊断的重要环节（图2-22）。病料力求新鲜，最好能在濒死时或死后数小时内采取，要求尽量避免病原污染，用具器皿应严格消毒。通常可根据所怀疑病的类型和特性来决定采取哪些器官或组织。原则上要求采取病原微生物含量多、病变明显的部位，同时易于采取、保存和运送。如果缺乏临诊资料，剖检时又难于分析诊断可能属何种病时，应比较全面地取材，例如血液、肝、脾、肺、肾、脑和淋巴结等，同时注意要取带有病变的部分。

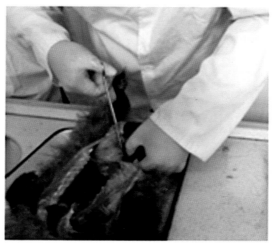

图2-22　剥离肝脏

2.**病料涂片镜检**　可在有显著病变的不同组织器官和不同部位涂抹数片，进行染色镜检。此法对于一些具有特征性形态的病原微生物，如巴氏杆菌等，可迅速作出诊断，但对于大多数传染病，只能提供进一步检查的依据或参考。

3.**分离培养和鉴定**　用人工培养方法将病原体从病料中分离出来（图2-23）。细菌、真菌、螺旋体等可选择适当的人工培养基，病毒等可选用禽胚、各种动物或组织培养等方法分离培养，分得病原体后，再进行形态学、培养特性、理化特性、动物接种及免疫学试验等方法作出鉴定。

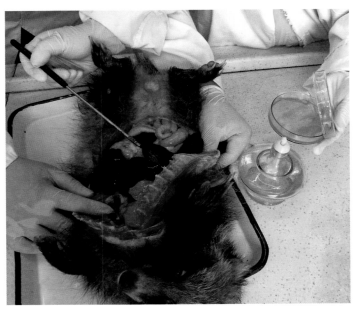

图2-23　用接种环取病料、分离细菌

4.动物接种试验　　通常选择对病原体最敏感的动物进行人工感染试验（图2-24）。将病料处理后，用适当的方法进行人工接种，然后根据对不同动物的致病力、症状和病理变化特点进行诊断。当实验动物死亡或根据不同的病原特征经一定时间安乐死、剖检后，观察病理变化，并采集病料进行涂片检查和分离鉴定。一般用的实验动物有家兔、小鼠、豚鼠、仓鼠、家禽、鸽子等。在实验动物对该病原体无感受性时，可以采用有易感性的本动物进行试验，但费用大，而且需要严格的隔离条件和严格的消毒措施，因此只有在非常必要和条件许可时才能进行。从病料中分离出微生物，虽是确诊的重要依据，但也应注意动物的"健康带菌"现象，其结果还需与临诊及流行病学、病理变化结合起来进行分析。有时即使没有发现病原体，也不能完全否定该种传染病的诊断。

图2-24　用小鼠进行饲料中肉毒梭菌毒素检测试验

5.**免疫学诊断**　是传染病诊断和检疫中常用的重要方法，包括血清学试验和变态反应两类。

（1）**血清学试验**　利用抗原和抗体特异性结合的免疫学反应进行诊断。可以用已知抗原来测定被检动物血清中的特异性抗体，也可以用已知的抗体（免疫血清）来测定被检材料中的抗原。血清学试验有中和试验（毒素抗毒素中和试验、病毒中和试验等）、凝集试验（直接凝集试验、间接凝集试验、间接血凝试验、SPA协同凝集试验和血细胞凝集抑制试验）、沉淀试验（环状沉淀试验、琼脂扩散沉淀试验和免疫电泳等）、溶细胞试验（溶菌试验、溶血试验）、补体结合试验，以及免疫荧光试验、免疫酶技术、放射免疫测定、单克隆抗体和核酸探针等。近年来，由于与现代科学技术相结合，血清学试验方法日新月异，应用越来越广，已成为传染病快速诊断的重要工具。

（2）**变态反应**　动物患某些传染病（主要是慢性传染病）时，可对该病病原体或其产物（某种抗原物质）的再次进入产生强烈反应。能引起变态反应的物质（病原体、病原体产物或抽提物）称为变态原，如结核菌素等，将其注入患病动物时，可引起局部或全身反应。

6.**分子生物学诊断**　又称基因诊断，主要是针对不同病原微生物所具有的特异性核酸序列和结构进行测定。自1976年以来，基因诊断方法取得巨大进展，建立了DNA限制性内切酶图谱分析、核酸电泳图谱分析、寡核苷酸指纹图谱、核酸探针（原位杂交、斑点杂交、Northern杂交、Southern杂交）、聚合酶链反应（PCR）、

Western杂交，以及DNA芯片技术。在传染病诊断方面，具有代表性的技术主要有核酸探针、PCR技术和DNA芯片技术三大类。

（李宏梅　孙长浩　孙法良）

第三章
常见传染性疾病

第一节　病毒性疾病

一、犬瘟热

犬瘟热是由犬瘟热病毒感染引起的犬、水貂、狐狸及貉等多种动物的一种高度接触传染性传染病，以早期双相热、急性鼻卡他，随后的支气管炎、卡他性肺炎、严重的胃肠炎和神经症状为主要临床特征，少数患病动物的鼻和足垫可发生角化过度。

【病原】犬瘟热病毒（CDV）为副黏病毒科麻疹病毒属成员，呈圆形、不整形、长丝状等，直径150～300纳米，有囊膜，其内部为M蛋白，膜上有长约1.3纳米的纤突蛋白（H和F糖蛋白），只有一个血清型，但毒株间有差异。病毒在−70℃可存活数年，冻干可长期保存。对热和干燥敏感，50～60℃ 30分钟可被灭活。3%福尔马林、5%石炭酸溶液及3%苛性钠等对该病毒都具有良好的消毒作用。病毒含血凝素，不含神经胺酶。新分离毒株多数仅能与鸡和豚鼠红细胞产生不规律的凝集，并可被阳性血清抑制，适应鸡胚细胞的貂瘟病毒可凝集鸡红细胞。

【流行病学】患病动物及健康带毒动物是主要的传染

源。病毒大量存在于患病动物及健康带毒动物的鼻、眼分泌物、唾液中，也见于血液、脑脊液、淋巴结、肝、脾、脊髓、心包液，以及胸、腹水中，并且经尿长期排毒，污染周围环境。因此，动物的笼舍、饲养场及相关动物经常到的地方，都可能储存病毒。健康动物和患病动物直接接触时，主要通过气溶胶微粒和污染的饲料、饮水经呼吸道和消化道感染，也可经眼结膜和胎盘感染。不同年龄、性别和品种的犬、水貂、狐狸及貉等动物均可感染。犬瘟热康复动物可获终身免疫力。

【临床症状】该病潜伏期一般3～5天。若野毒株来源于异种动物，则需要一段适应时间，潜伏期可长达30～90天。患病动物初期精神沉郁，食欲不振或拒食，常伴有呕吐；眼、鼻流出浆液性、黏液性、脓性分泌物，有时混有血丝，并发出臭味；出现双相热，病情趋于恶化；鼻镜、眼睑干燥，甚至龟裂（图3-1）；多数病例发生肺炎，呼吸困难、咳嗽等。有的病例发生腹泻，粪便呈水样、混有黏液和血液、恶臭；患病动物消瘦、脱水，体重不断下降，鼻端与脚垫过度角质化、龟裂。发热初期，少数幼龄动物下腹部、大腿内侧和外耳道发生水疱性或脓疱性皮疹，康复时干枯消失，这可能是继发细菌感染引起的。神经症状一般多出现在感染后3～4周全身症状好转后几天至十几天才出现，患病动物表现癫痫、转圈，或共济失调、反射异常，或颈部强直、肌肉痉挛，但咬肌群反复节律性的颤动是常见的神经症状（图3-2）。有些病例还会遗留舞蹈病、麻痹或瘫痪等症状。妊娠动物患本病可发生流产、死胎和仔兽成活率下降等。在发热早期，白细胞减少，但后期如细菌性继发感染未被控制，则出现明显的白细胞增多。该病病程一般2周或稍长些，发生卡他性肺炎和肠炎的病程可能较长；发生神经症状的病程最长。根据品种、年龄、有无并发和继发感染、护理和治疗条件的不同，病死率差异很大，一般为30%～80%。

图3-1　患病动物鼻端干燥、龟裂　　图3-2　患病动物抽搐

【病理变化】　本病是一种泛嗜性感染，因此临床表现复杂多样。上呼吸道、眼结膜呈卡他性或化脓性炎症；肺呈现卡他性支气管肺炎、出血（图3-3）；脾肿大、出血（图3-4）；膀胱黏膜出血（图3-5）；胃黏膜潮红；卡他性或出血性肠炎，大肠常有过量黏液，直肠黏膜皱襞出血（图3-6）；肾上腺皮质变性；轻度间质性附睾炎和睾丸炎。有些病例出现水疱性或脓疱性皮疹；有些病例鼻端和足垫表皮角质层增生而表现龟裂。中枢和外周神经很少有肉眼变化。病理组织学检查，可在患病动物的很多组织细胞中发现嗜

酸性的核内和胞浆内包含体，呈圆形或椭圆形，直径1～2微米。在表现神经症状的患病动物，可见脑血管袖套现象，非化脓性软脑膜炎以及白质出现空泡。

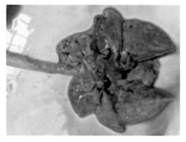 

图3-3　患病动物肺部有出血点　　　图3-4　患病动物脾脏出血

图3-5患病动物膀胱黏膜出血　　　图3-6　患病动物直肠黏膜出血

【诊断】根据临床症状、病理变化以及流行病学特点，可对本病作出初步诊断。但常因本病易于与犬传染性肝炎等发生混合感染和细菌性继发感染，因而确诊需进行实验室检查。可采用包含体检查、病毒分离、中和试验、荧光抗体法、琼脂扩散试验和酶标抗体法等方法诊断本病；也可采用分子诊断技术，如RT-PCR和核酸探针技术。

【防控】发现疫情应立即隔离患病动物，深埋或焚毁病死动物尸体，彻底消毒（用3%福尔马林、3%氢氧化钠或5%石炭酸溶液等）污染的环境、场地、兽舍以及用具等。对未出现症状的同群动物和其他受威胁的易感动物进行紧急接种。对患病动物进行积极的治疗，配合良好的护理，对患病早期的病例有一定效果，但当出现明显症状时，则多预后不良，因此建议规模化养殖场对患病动物进行扑杀、无害化处理，以防止其排毒，进一步污染周围环境，引发更严重的传播流行，造成更大的危害。

平时严格实行兽医卫生防疫措施，坚持进行疫苗免疫接种，疫苗按相应生产厂家的产品说明书使用。幼龄动物的免疫效果与其母源抗体（简称母抗）水平关系很大。当血液中母源抗体（中和抗体）下降到1：20以下时较为易感，1：100以上则不易感。对幼龄动物在初免后2～3周可进行二免，以后每6个月加强免疫一次。母兽应在配种前进行免疫接种，妊娠动物一般不进行免疫接种。

（谢之景）

二、貂病毒性肠炎

貂病毒性肠炎，又称貂泛白细胞减少症或貂传染性肠炎，是由貂细小病毒感染引起的一种急性传染病，主要特征为急性肠炎和白细胞减少。

【病原】貂病毒性肠炎病毒（MEV）也称为貂细小病毒，为细小病毒属成员，无囊膜，直径20～40纳米，对细胞生长周期中的S期有依赖性，即对有些分裂旺盛的细胞有高度亲和性，同步接种培养有利于病毒的复制增殖。病毒能在猫肾、肺和睾丸等原代细胞及F81、CRFK等传代细胞上繁殖。本病毒在（pH6.0～6.4）4℃对猪和恒河猴的红细胞有凝集性。本病毒对乙醚、氯仿等有机溶剂、酸、碱、酚（0.5%）、胰蛋白酶等具有一定抵抗力，耐热（66℃ 30分钟）。组织中的病毒在低温下或50%甘油盐水中能长期保持其感染性。福尔马林（0.5%）和次氯酸能有效地将其杀灭。该病毒与猫的泛白细胞减少症病毒（FPV）十分相似，常规血清学方法不能区分，FPV也能感染水貂引发病毒性肠炎，并且能够在貂群中传播流行。MEV与CPVFPV的核苷酸有很高的同源性，在98%以上。水貂在出现症状2天内，肠道粪便含毒量最高，以后迅速下降。本病耐过者可获得较强的免疫力，免疫持续期较长，但在较长时间内带毒，并通过消化道排毒。

【流行病学】本病多发生于貂。雪貂、猫、小鼠、家鼠和田鼠均不感染，即使人工接种也不出现症状和病变。各种品种和不同年龄的貂都易感，但以当年生水貂更易感，而50～60日龄的仔貂和幼貂最为易感，发病率50%～60%。病貂的年龄越小病死率越高，最高可达90%。病貂、痊愈带毒貂和患泛白细胞减少症病猫是主要传染源，从粪、唾液中排毒，通过污染物和场舍内外环境，主要经消化道传染给易感健貂。此外，鸟类、鼠类和昆虫等也可成为传播媒介。本病常呈地方流行性。一旦引入貂场，如没有良好的兽医防疫卫生措施，常导致长期存在和周期性流行。

【临床症状】潜伏期4～9天，症状与猫泛白细胞减少症相似，但肠炎更为严重，精神沉郁，鼻端干燥（图3-7），减食或拒食，渴欲增加。有的病例于12～24小时迅速死亡；有的发生急性肠炎，腹泻，粪便稀软或呈水样，粉红色、褐色、灰白色或绿色，含有脱落的肠黏膜、黏液或血液（图3-8）；病貂消瘦、虚弱、脱水，常伸展四肢平卧；最后衰竭，死亡或逐渐恢复健康，长期带毒，生长发育迟缓。病死率因貂的品种和流行情况而异，一般10%～80%，高的可达90%以上。病程12小时到14天不等。

图3-7　患病水貂精神沉郁、鼻端干燥

图3-8　患病水貂排血便

【病理变化】剖检病变主要是小肠呈急性卡他性纤维素性或出血性肠炎（图3-9）。肠管变粗，肠壁变薄，肠内容物含有脱落的黏膜上皮和纤维蛋白样物质及血液。肠系膜淋巴结充血、水肿。肝肿大、质脆，胆囊胀大、充满胆汁。脾肿大，暗紫色。病理组织学检查，主要是小肠黏膜上皮变性、坏死（图3-10），有的上皮细胞内有核内包涵体。貂感染猫细小病毒发生肠炎时，则见不到包含体。

图3-9　患病水貂肠黏膜弥漫性出血

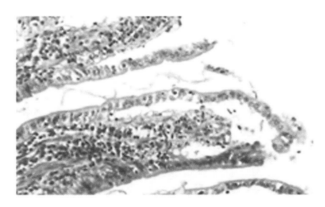

图3-10　患病水貂肠绒毛上皮细胞呈凝固性坏死、脱落、炎性细胞浸润

【诊断】根据流行病学特点、临诊表现主要为腹泻和白细胞减少等特点，可以作出初步诊断。确诊须进行实验室检查，常用病毒分离鉴定、动物接种、血凝抑制（HI）试验、荧光抗体染色等方法；也可采用分子病毒学诊断技术，如PCR、核酸探针等诊断方法。

【防控】本病目前尚无特效的治疗方法。一旦貂群发生本病，立即隔离、消毒，积极对患病动物进行治疗。对受威胁的易感貂立即用貂病毒性肠炎疫苗紧急免疫接种；对病貂施以对症、支持疗法及用抗菌药物防止继发感染等综合性防控措施，可望在2周内控制疫情。

预防本病主要依靠免疫接种疫苗。我国已生产有貂病毒性肠炎细胞灭活苗，按厂家说明书使用即可。种貂一般在配种前（1～2月）免疫接种；仔貂在断乳后接种为好，一般不受母源抗体干扰。灭活苗接种2次，间隔2～3周，以后每6个月加强免疫1次，免疫效果良好。

（谢之景）

三、犬细小病毒感染

犬细小病毒感染是由犬细小病毒引起的犬、狐狸、狼、貉等动物的一种急性传染病，以出血性肠炎或非化脓性心肌炎为主要临床特征，多发生于幼龄动物，病死率10%～50%。

【病原】犬细小病毒（CPV）是细小病毒科细小病毒属成员，病毒粒子细小，直径20～22纳米，呈二十面体立体对称，无囊膜。基因组为单股DNA，约5 000bp。病毒衣壳有VP1、VP2和VP3三种蛋白，其中VP2为衣壳蛋白主要成分，有血凝活性。病毒在4℃和25℃都能凝集猪和恒河猴的红细胞，但不能凝集其他动物的红细胞。本病毒与猫泛白细胞减少症病毒（猫细小病毒）关系密切。本病毒能在F81、CRFK等传代细胞增殖。当前在全世界流行的CPV毒株为CPV-2a、CPV-2b、 CPV-2c，另外在一些野生动物如浣熊等，存在一些中间类型的CPV毒株。本病毒对外界环境具有较强的抵抗力。在室温下能存活3个月；在60℃能活1小时；pH3处理1小时并不影响其活力；对甲醛、β-丙内酯、羟胺和紫外线敏感，能被灭活；但对氯仿、乙醚等有机溶剂不敏感。

【流行病学】犬、狐狸、狼、貉、浣熊、猫等动物均是本病毒的自然宿主。各种年龄和不同性别的动物都易感，但幼龄动物的易感性更高。断乳前后的仔兽易感性最高，其发病率和病死率都高于其他年龄的动物，往往以同窝暴发为特征。本病新疫区或以前从未发生过本病的相关饲养场时，在早期由于易感性高和动物群体密集，大小动物都感染，可导致暴发性流行，病程短，病死率较高。本病主要由直接或间接接触而传染。患病动物和健康带毒动物是本病主要的传染源。患病动物从粪便、尿液、唾液和呕吐物中排毒；而健康带毒动物可经粪便等长期排毒，污染饲料、饮水、垫料、食具和周围环境。该病主要的传染途径是消化道。

本病无明显季节性，一般夏、秋季多发。但是在水貂、狐狸、貉等养殖地区呈现一定的季节性，即在繁殖季节发病率明显升高。天气寒冷、气温骤变、拥挤、卫生水平差和并发感染，可加重病情和增加病死率。

【临床症状与病理变化】本病在临诊上分为肠炎型和心肌炎型。

（1）**肠炎型**　潜伏期4～7天，多见于断奶后的动物，有些动物往往突然发生呕吐，随后出现腹泻，粪便呈黄色或灰黄色，含多量黏液和伪膜，接着排带有血液稀粪，恶臭。患病动物精神沉郁，食欲废绝，体温高，迅速脱水，急性衰竭，死亡。病程短的4～5天，长的1周以上。有些患病动物呈现间歇性腹泻或仅排软便。成年动物发病一般不发热。

剖检，病死动物脱水，可视黏膜苍白（图3-11）。病变主要见于空肠、回肠，即小肠中后段，浆膜暗红色，浆膜下充血、出血，黏膜坏死、脱落、绒毛萎缩，肠腔扩张，内容物水样，混有血液和黏液（图3-12）。肠系膜淋巴结充血、出血、肿胀。病理组织学变化为后段空肠、回肠黏膜上皮变性、坏死、脱落，有些变性或完整的上皮细胞内含有核内包含体，绒毛萎缩，隐窝，充满炎性渗出物，肠腺消失，残存腺体扩张，内含坏死的细胞碎片。

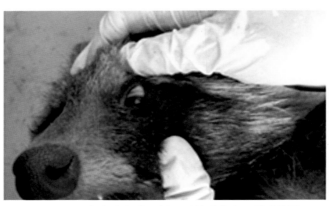

图3-11　患病貉鼻端干燥，眼结膜苍白、眼窝深陷

图3-12　患病貉肠黏膜弥漫性出血，内容物呈番茄酱色

（2）**心肌炎型**　多见于幼龄动物，常突然发病，数小时内死亡，精神、食欲正常，偶见呕吐，或有轻度腹泻和体温升高。或有严重的呼吸困难，持续20～30分钟，脉搏快而弱，可视黏膜苍白。只有极少数轻症病例可以治愈，病死率60%～100%。剖检病变主要限于肺和心脏。肺水肿，局灶性充血、出血，致使肺表面色彩斑驳。心脏扩张，心房和心室内有瘀血块，心肌和心内膜有非化脓性坏死灶，肌纤维变性、坏死，受损的心肌细胞中常有核内包含体。

【诊断】根据特征性临诊症状，再结合流行病学和病理变化特点，可以作出初步诊断。确诊可采取小肠后段和心肌病料作组织切片，检查肠上皮和心肌细胞是否存在核内包含体；也可采用病毒学检查、血清学检查、血凝（HA）和血凝抑制（HI）试验等方法。当前，PCR等分子生物学诊断方法也被广泛应用于本病的诊断。

【防控】心肌炎型病例转归不良。发现肠炎型病例立即隔离饲养，加强护理，采用对症疗法，可能获得痊愈或好转。及时、大量（500～1 000毫升）、快速、多途径补液，结合抗菌、解毒、抗休克、对症等疗法，可较快解除症状和缩短病程。在护理上要注意病初应禁食1～2天；恢复期应控制饮食，给予稀软易消化的食物，少量多次，逐渐恢复到正常饮食。污染的患病动物舍、窝需在彻底消毒并空关1个月后，方可再用。

平日里加强饲养管理，饲料要保持新鲜，不能饲喂腐败变质的食物，避免突然更换饲料。加强对本病的疫苗接种工作，严格检疫制度。目前国内使用的疫苗有同源和异源灭活苗和弱毒苗两类，按说明书使用。

（谢之景）

四、貂阿留申病

貂阿留申病（AD）是由阿留申病病毒引起的水貂的一种慢性消耗性、超敏感性和自身免疫性疾病，特征为丙种球蛋白异常增加、浆细胞极度增生及持续性病毒血症。世界所有养貂国家都有本病的发生。有的饲养场75%水貂患有本病，具有阿留申基因型的水貂，甚至有1/3死于本病。

【病原】阿留申病病毒（ADV）是细小病毒科、细小病毒属成员，病毒呈二十面体立体对称，直径24～26纳米。病毒基因组为单股DNA，对乙醚、氯仿、0.4%福尔马林和清洁剂有抵抗力，但对1%福尔马林和1%～1.5%氢氧化钠敏感。病毒对热的抵抗力很强，加热80℃ 10分钟或99.5℃ 3分钟才被灭活。以蛋白酶处理，病毒滴度明显下降。在pH2.8 ～ 10时仍保持活力。

【流行病学】　自然病例仅见于水貂，除在浣熊、狐、臭鼬等动物血清中曾测出本病抗体和试验感染可引起艾鼬各器官组织增生外，未见其他动物感染发病。各种年龄和不同性别的水貂均有易感性，但成年貂的感染率高于幼貂，公貂高于母貂。任何品种的貂都易感，但其易感性与毛色的遗传类型有密切关系。阿留申水貂及与其有亲缘关系的蓝宝石貂易感性大，发病率与病死率均较高；而非阿留申毛色种系遗传因子的黑皮毛水貂则低。病貂、处于潜伏期的貂和隐性感染带毒貂是主要的传染源，通过唾液、粪、尿等分泌物和排泄物排毒，污染饲料、饮水、用具和环境，经消化道和呼吸道传染给易感的健康貂。与病貂、带毒貂接触的饲养员与兽医也可传播本病。水貂感染本病后发生病毒血症，持续终身，病貂全身各器官组织、体液、血液、血清中都含有病毒。所以本病可通过消毒不彻底的针头和吸血昆虫进行传播。本病毒在伊蚊体内可存活35天。此外，本病还可经胎盘垂直传播。饲养管理不良、兽医卫生防疫水平低下和寒冷、潮湿等不利应激因素，可以促进本病的发生和发展，致使病情加重恶化。因此，改善饲养管理条件，提高兽医卫生水平，可以维持病貂活到取皮期。健康场多由于引进潜伏期感染貂、隐性感染貂或病貂而发病，成为常在性的阳性场。

【临床症状】　该病潜伏期长，一般60 ～ 90天，长的可达7 ～ 9个月甚至1年以上。临床上可分为急性和慢性两个型。急性经过的病例，精神委顿，食欲不振或丧失，可于2～3天死亡，死前常有痉挛。慢性病例病程数周或数月不等，病貂食欲下降或时好时坏，渴欲明显增加，进行性消瘦（图3-13）、贫血，可视黏膜苍白。有的病例口腔、齿龈、软腭、肛门出血和溃疡，粪便烂稀发黑，呈煤焦油样，间有抽搐、痉挛、共济失调、后肢麻痹或不全麻痹等神经症状。感染母貂空怀、胎儿被吸收、流产，或产衰弱、成活率低的仔貂。外周血液浆细胞和淋巴细胞增多。血清丙种球蛋白增高4倍以上（每100毫升3.5～11克，正常为每100毫升0.74克）。重症貂血清中存在9～14S和22～30S的免疫复合物，比完整病毒（125S）还要小，可用尿素和酸分解，最后病貂发生尿毒症和恶病质而死亡。病死率很高。

图3-13　患病死亡水貂消瘦、脱水，被毛逆乱

【病理变化】最明显的病理变化在肾脏，肾脏肿大2～3倍，灰色或淡黄色，表面凹凸不平（图3-14）。肝肿大，有

散在的灰白色坏死灶。脾和淋巴结轻度肿胀。口腔黏膜或有出血溃疡。胃肠黏膜有出血点。

图3-14　患病死亡水貂肾脏肿大、表面凹凸不平

【诊断】根据流行病学材料、典型的临床症状和病理变化，可对本病作出初步诊断。确诊需进行实验室检测，如碘凝集试验、对流免疫电泳（CIEP）等方法。此外，免疫荧光、病毒凝集、ELISA以及PCR等方法也可用于该病的诊断。

【防控】目前本病尚无适用的疫苗可作特异性预防，也无好的治疗方法。健康貂场加强饲养管理和兽医卫生措施，严格检疫，不引进感染貂入场。目前，阳性场和阳性貂群结合取皮，用CIEP法检疫貂群。一旦检出阳性貂，应严格淘汰，并用1%福尔马林或1%～2%氢氧化钠溶液彻底消毒污染的环境和用具，降低貂群阳性率，逐步建立净化无阿留申病场，这是当前切实可行的防控本病的好方法。

（张小能　张洪学）

五、狐传染性脑炎

狐传染性脑炎，又称狐传染性肝炎，是由犬腺病毒科哺乳动物腺病毒属犬病毒I型引起的犬、狐等犬科动物的一种急性败血性传染病。

【病原】犬传染性肝炎病毒（ICHV）属腺病毒科哺乳动物腺病毒属成员，为犬腺病毒Ⅰ型病毒。本病毒在4℃ pH7.5～8.0时能凝集鸡红细胞，在pH6.5～7.5时能凝集大鼠和人O型红细胞。该病毒对外界的理化因素有很强的抵抗力，在污染物上能存活10～14天，在冰箱中保存9个月仍有传染性。冻干可长期保存。37℃可存活29天，60℃ 3～5分钟被灭活。对乙醚和氯仿有耐受性，在室温下能抵抗95%酒精达24小时。污染的注射器和针头仅用酒精棉球消毒仍可传播本病。苯酚、碘酊及烧碱是常用的有效消毒剂。

【流行特点】狐狸，特别是生后3～6月龄的幼狐最易感，感染率达40%～50%；2～3岁的成年狐感染率为2%～3%；年龄较大的狐很少发病。患病狐狸及健康带毒动物是重要的传染源，康复狐自尿中排毒长达6～9个月之久，是最危险的传染源，其分泌物、排泄物含有大量的病毒，被分泌物和排泄物污染了饲料、水源、饲具等也是重要的传播媒介。该病主要经消化道传播，也可经呼吸道及损伤的皮肤或黏膜等途径而感染；亦可经胎盘垂直传播；此外，寄生虫也是本病的传播媒介。本病无明显季节性，但在夏秋季节幼狐多，饲养密集，易于本病的传播、发生。本病能引起极高的死亡率（病的流行初期死亡率高，中、后期死亡率逐渐下降），以及母狐大批空怀、流产，给养狐业带来重大的经济损失。

【临床症状】本病潜伏期一般10～20天，也有20天以上的。临床表现多种多样，但以眼球震颤、高度兴奋、肌肉痉挛、感觉过敏、共济失调、呕吐、腹泻及便血为主要临床特征。临床上可分为急性、亚急性和慢性三种类型。

（1）**急性型** 病例多为3～10日龄仔狐。病狐拒食、渴欲增加，流泪流涕，发热，腹泻，呕吐，继而出现神经症状，后期身体麻痹，昏迷死亡（图3-15）。病程短促，多为1天，也有长达3～4天的。此型一旦发病，难以治疗，死亡率高。

图3-15　患病狐狸昏迷死亡

（2）**亚急性型** 病例多见于成年狐。病狐喜卧，精神不振，食欲丧失或不良，身体虚弱，出现弛张热，可见黏膜出现贫血或黄疸，体温升高，心跳加速，脉搏失常。有的病例出现结膜炎（图3-16）、便血（图3-17）或血尿。病狐精神时好时坏，病程长达1月左右，最终死亡或转为慢性。

（3）**慢性型** 病例多见于老疫区或疫病流行后期。病狐症状不明显，仅见轻度发热，食欲时好时坏，便秘与腹泻交替，贫血，结膜炎，逐渐消瘦，生长发育缓慢，多不死亡。

图3-16　患病狐狸结膜炎、角膜　　图3-17　患病动物排血便
　　　　混浊

【诊断】根据流行特点、临床症状和病理变化，可作出初步诊断。最终确诊还需要进行包含体检查、病毒分离培养、血清学试验等实验室检查。北极狐和银黑狐传染性脑炎与脑脊髓炎、犬瘟热、钩端螺旋体病有相似之处，必须加以鉴别，以免误诊。

【防控】平常加强饲养管理，提高动物机体的抵抗力。目前，该病还没有特异性的治疗办法。本病的预防主要依靠疫苗接种。一般在种狐配种前30～60天，仔狐55～60日龄接种狐犬肾细胞脑炎弱毒苗。

（马泽芳）

六、伪狂犬病

伪狂犬病又称阿氏病，是由伪狂犬病病毒感染引起的一种多种动物共患的急性传染病，以神经症状和皮肤奇痒为主要临床特征。

【病原】伪狂犬病病毒（PRV）属于疱疹病毒科 α-疱疹病毒亚科成员。病毒粒子呈球形或椭圆形，有囊膜，直径为150～180纳米。只有一个血清型，但不同毒株的毒力有所差异。病毒对外界抵抗力较强，但常用的消毒剂都能有效杀死该病毒。

【流行病学】患病动物、带毒动物是该病主要的传染源，其鼻液等分泌物及其排泄物中含有大量病毒，也是本病重要的传播媒介。猪是本病的主要宿主，因此猪的下脚料和猪肉也是本病的传染源，主要通过污染的饲料、水、空气经消化道和呼吸道传播。本病没有明显的季节性，但以夏秋季节多见，呈暴发流行，死亡率较高。

【临床症状】银黑狐、北极狐和貉的潜伏期为6～12天，水貂自然感染时的潜伏期为3～4天。

患病狐或貉精神沉郁，流涎和呕吐，弓腰，对外界刺激敏感。在笼内打圈圈，行动缓慢，呼吸加快。体温稍增高，瞳孔和眼睑高度收缩、瘙痒，用前爪搔颈、唇、颊部皮肤，抓搔动作间隔2～4分钟。病兽呻叫，翻身打滚，跳起又躺下。由于痒病兽不仅抓伤皮肤，而且损伤皮下组织和肌肉。出现水肿、兴奋增高的病兽，常啃咬笼网和食具。由于中枢神经受损和脊髓炎症，常引起四肢麻痹或不完全

图3-18　患病貉站立不稳

麻痹（图3-18），舌伸出口外，最终病兽昏迷而死亡。有些病例并发肺炎，呼吸迫促，150次/分钟。有的病兽呈犬坐姿势，前肢叉开，颈直伸，吟叫，后期鼻孔和口腔内流出血样泡沫，很少出现搔抓伤，病程2～24小时死亡。

患病水貂病初，食欲下降或废绝，精神萎靡，瞳孔急剧缩小，呼吸促迫，鼻镜干燥，平衡失调，常仰卧用前爪摩擦鼻镜、颈和腹部，但无皮肤和皮下组织的损伤。随着病程发展，狂躁不安，冲撞笼网，兴奋与抑制交替出现。病貂时而站正，时而躺倒抽搐、转圈，头稍昂起。前肢搔爪脸颊、耳朵及腹部。舌面有咬伤，口腔流出多量黏液。有的出现呕吐和腹泻。死前发生喉麻痹，胃肠膨气。有的公貂发生阴茎麻痹，眼裂缩小，斜视，下颌不自主地咀嚼或阵挛性收缩，后肢不完全麻痹或麻痹。

【病理变化】患伪狂犬病死亡的动物尸体，营养良好，鼻和口角处有多量粉红色泡沫状液体。病兽眼、鼻、口和肛门黏膜发绀。死于本病的水貂舌肿胀，露出口外，有咬痕。银黑狐、北极狐和貉尸体搔抓部位的皮肤被毛缺损，有搔抓伤和撕裂痕，皮下组织呈现出血性胶样浸润。病兽腹部膨满，腹壁紧张，叩之鼓音。血凝不全，呈黑紫色。心扩张，冠状动脉血管充盈，心包内有少量渗出液，心肌呈煮肉样。气管内有泡沫样黄褐色液体。肺呈暗红色或淡红色，表面凹凸不平，切面有暗红色凝固不良血样液体流出。胸膜有出血点，支气管和纵隔淋巴结充血、瘀血。甲状腺水肿，呈角质样，有点状出血。胃肠膨气，腹部胀满。银黑狐胃内常见到出血点。而水貂有的胃黏膜有溃疡灶。小肠黏膜呈急性卡他性炎症，肿胀充血和覆有少量褐色黏液。肾脏增大，呈樱桃红色或土黄色，质软。脾有出血点。

【诊断】根据本病流行特点、临床表现以及病理变化，可对本病作出初步诊断。确诊需要进行实验室检测，可采用病毒分离鉴定、ELISA、PCR等方法对该病进行检测。

【防控】预防本病首先要对肉类饲料加强管理，不购买使用来路不明的饲料，对屠宰场的下脚料一定要经高温处理后才喂。目前毛皮动物伪狂犬病尚无特效疗法，一旦发生此病，应立即停止饲喂不新鲜的饲料。目前尚无毛皮动物专用的伪狂犬病疫苗，需谨慎使用猪用伪狂犬病疫苗免疫接种毛皮动物，尤其是不能使用猪伪狂犬病活疫苗。

（惠涌泉）

七、狂犬病

狂犬病又名恐水症、疯狗病，是由狂犬病病毒引起的一种人兽共患的自然疫源性疾病，主要引发中枢神经系统致死性的感染，导致急性、渐进性、不可逆致死性脑脊髓炎。临床特征是患病动物神经兴奋和意识障碍，恐惧不安、怕风恐水、流涎和咽肌痉挛，最终局部或全身麻痹而死亡。

【病原】狂犬病病毒属于弹状病毒科狂犬病病毒属成员。病毒粒子呈子弹状，长100～300纳米，直径75纳米，一端呈圆锥形，另一端扁平，有囊膜，囊膜上镶嵌着1 600～1 800个G蛋白纤突。从自然分离的狂犬病病毒习惯上称为"街毒"。狂犬病病毒对外界抵抗力不强。

【流行病学】狂犬病属于自然疫源性疾病。传染源众多是狂犬病广泛传播的重要原因之一。在自然界，狂犬病病毒几乎感染所有的温血动物。患病动物和健康带毒动物是主要的传染源。狂犬病病毒主要存在于动物的中枢神经系统和唾液腺中，唾液腺中的病毒常可随唾液排出体外，在本病的传播上具有重要作用。多数狂犬病例是通过患病或带毒动物咬伤或受损的皮肤黏膜直接接触病毒而感染。

【临床症状与病理变化】狂犬病的潜伏期因病毒的毒株、侵入部位、动物种类等的不同而不同，但一般为2～8周，最短的为4～5天。毛皮动物狂犬病跟犬一样，经过多为狂暴型。大体可分为三期：①前驱期，毛皮动物发现短时间沉郁，运动有受限制，此期不宜察觉；②兴奋期，毛皮动物兴奋，攻击性增强，猛扑人和动物，咬、扒、撕物体，流涎；③麻痹期，后躯摇晃，后肢麻痹，体温下降，死亡。

本病无特征性病理变化，患病动物一般营养状态良好，少数动物尸体消瘦。病死动物尸僵完全，剖检时可见胃内空虚或充满异物（纸屑、毛等）。有的胃黏膜高度发炎，且大量出血，常有伤口。有的胃黏膜出现溃疡灶（图3-19），大肠、小肠黏膜有出血点。膀胱空虚，黏膜有出血点。脑实质和软膜充血肿胀，并伴有点状出血。病理组织学检查，见有非化脓性脑炎变化。

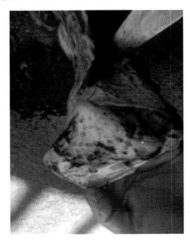

图3-19　患病狐狸胃溃疡

【诊断】根据流行病学、临床症状及病理变化，结合咬伤史，临床上狂躁不安、攻击人兽，病理解剖胃内有异物即可诊断。为慎重起见，对于非典型、健康带毒和处于潜伏期病例的确诊，必须进行实验室诊断。在中枢神经系统检出内基小体是狂犬病的病理学诊断要点，最具有诊断价值。而利用免疫荧光检查法和动物接种法所获取的阳性结果可直接确诊本病。

【防控】本病尚无特效药治疗。疫苗免疫是控制毛皮动物狂犬病最为有效的方式。预防为主，防止毛皮动物与犬、猫接触，一旦发现毛皮动物被犬咬伤，应立即注射狂犬病疫苗。饲养场用石炭酸、新洁而灭等消毒剂清理。

（惠涌泉）

八、貂冠状病毒性肠炎

貂冠状病毒性肠炎又称水貂流行性卡他性胃肠炎，是由冠状病毒感染引起的一种以出血性胃肠炎和腹泻为主要临床特征的病毒病，发病率高，死亡率低。该病是继水貂细小病毒性肠炎之后的又一种能导致水貂腹泻的病毒性传染病。

【病原】貂冠状病毒性肠炎病毒属冠状病毒科冠状病毒属成员，有囊膜，其表面有一层棒状纤突，长12～25纳米。对外界的抵抗力不强，对光照和高温敏感，对乙醚、氯仿等脂溶剂敏感；对常用消毒药均比较敏感，0.01%高锰酸钾、1%来苏儿以及1%福尔马林溶液等消毒药均能在短时间迅速杀死该病毒。

【流行病学】该病在世界许多养貂国家均有发生，其发生与水貂的品种、年龄等有密切关系。患病动物及健康带毒动物是主要的传染源，呕吐物、粪便内含有大量的病毒，被粪便污染的饲料、饲具、饮水、垫料等均是本病重要的传播媒介。该病主要经消化道感染。本病传播速度快速，发病率高，但死亡率低。气候、卫生条件、饲养密度大等是本病的重要诱因。

【临床症状与病理变化】病貂精神沉郁，食欲下降或废绝，呕吐，口渴饮水，动作迟缓，鼻镜干燥，被毛无光泽，皮肤缺乏弹性。腹泻，粪便带有白色团块、肠黏膜等，甚至粪便带血，脱水，消瘦。该病也严重影响水貂的正常发育，如遇配种季节发病，将会引起空怀。

病貂尸体消瘦，口腔黏膜、眼结膜苍白，肛门及会阴部被稀便污染。剖检可见胃肠空虚，胃肠道黏膜充血、出血、脱落（图3-20），有少量灰白色或暗红色血样黏稠物，肠系膜淋巴结肿胀，切面呈暗红色、肝肿大、呈黄褐色、质脆（图3-21），切面紫褐色与灰黄色相间。脾呈深红色，有轻度肿胀。

图3-20　患病水貂胃黏膜潮红、出血

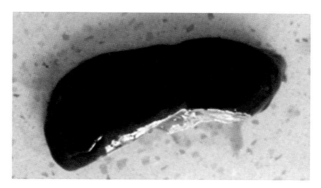

图3-21　患病水貂脾脏肿大

【诊断】根据病貂的临床症状、病理变化、流行病学特点等，可以作出初步诊断。但确诊还要进行病原学和血清学检测。

【防控】防止本病的发生和蔓延，要加强饲养管理，提高貂群的抗病力。定期消毒、灭鼠、灭蝇，严禁猫、犬、家禽、家畜等进入貂场。搞好场内的卫生和消毒工作，定期用火焰喷灯对笼舍消毒，用20%漂白粉、10%氢氧化钠溶液或紫外线对笼舍地面、墙壁消毒，同时应用化学消毒剂如1%来苏儿、1%福尔马林、0.01%高锰酸钾和0.1%过氧乙酸对食具、水槽等消毒处理。疫病流行期间，尽量减少人员流动，并做好封闭隔离。

水貂冠状病毒性肠炎至今尚无特效治疗法，只能采取强心、补液、防止继发感染的治疗原则。采用土霉素、磺胺类药物等防止继发感染，同时补给葡萄糖、口服补液盐，能收到一定效果。

（惠涌泉）

第二节　细菌性疾病

一、绿脓杆菌感染

绿脓杆菌感染是由绿脓杆菌（又称为绿脓假单胞菌）引起的人和动物共患的传染病。绿脓杆菌是一种条件性病原菌，在土壤、水和空气中分布广泛，对人兽均有一定程度的危害。本病主要见于人烧伤、外科的术后感染，也见于癌症病人或年老体弱者的重症感染。在动物，常见于内脏器官脓肿，如乳牛子宫炎、乳房炎、水貂出血性肺炎，特别是幼龄畜禽，常表现为群体的急性暴发而导致大批死亡。

【病原】绿脓杆菌为中等大小革兰氏阴性菌，有鞭毛，能运动，在普通培养基上发育良好，菌落呈圆形、光滑带蓝绿色荧光，分泌两种色素，一种是可溶于氯仿和水中的绿脓菌素，一种是仅溶于水不溶于氯仿的荧光素。菌体代谢产物中有一种毒力很强的外毒素A，是一种致死性外毒素；另一种外毒素磷脂酶C，是一种溶血毒素。

【流行病学】人和各种动物对绿脓杆菌均易感。本菌在自然界分布广泛。在动物饲养管理条件低劣或幼龄动物长途运输过程，因应激反应导致机体抵抗力下降，特别是环境污染及注射用具消毒不严时，可经消化道、呼吸道或创伤引起群体绿脓杆菌病的流行。

【临床症状与病理变化】最急性病例病程短，死亡快，几乎无临床症状。在生产中，急性病例最多，患病动物食欲废绝，体温升高，精神沉郁（图3-22），呼吸迫促，流泪，流鼻涕。有的病例出现惊厥，呼吸特别困难，呈腹式呼吸。有的病例咯血或从口鼻流出血样液体。病程2～4天，多以死亡为转归。

图3-22 患病水貂精神沉郁，行动迟缓

剖检病理变化特征为出血性肺炎。气管出血。肺脏充血、出血和肝变（图3-23），严重者呈大理石样外观，切开肺流出血样泡沫状液体。心肌松弛，冠状沟有出血点。脾肿大，呈紫红色（图3-24），有出血斑。肝脏肿大。淋巴结出血，水肿。病理组织学检查，肺部有大叶性、出血性、化脓性、坏死性和纤维素性肺炎（图3-25），在肺的血管周围有绿脓杆菌。肝细胞变性（图3-26）。

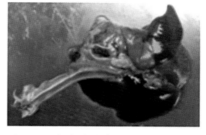

图3-23 患病水貂气管出血，肺脏充血、出血和肝变

图3-24 患病水貂脾脏肿大、呈紫红色

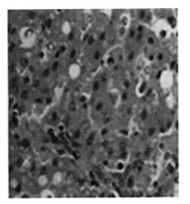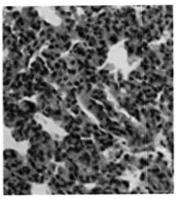

图3-25　患病水貂肺间质增厚、　图3-26　患病水貂肝细胞变性
炎性细胞浸润

【诊断】根据本病的流行病学特点、幼年动物群体发病的症状表现及其病理变化，再进行细菌学检验、血清学定型等可确诊。

【防控】预防本病，应从改善养殖场饲养管理条件，加强兽医卫生措施着手，减少或杜绝本病的发生。庆大霉素是治疗本病的首选药物，口服给药效果较差，大剂量注射庆大霉素有较好的疗效。但对于大群水貂，为了节省工作量，可通过饮水或拌料口服大剂量庆大霉素、新霉素、链霉素、卡那霉素或复方新诺明，有一定防治作用。

（谢之景）

二、克雷伯菌感染

克雷伯菌感染主要是由肺炎克雷伯菌感染引起的一种重要细菌性传染病。该菌广泛分布在自然界中，在人和动物的呼吸道、消化道大量存在，可引发肺炎、脑膜炎和败血症等，是仅次于大肠杆菌的重要条件致病细菌。

【病原】肺炎克雷伯菌属于肠杆菌科克雷伯菌属，可分为肺炎、臭鼻和鼻硬结三个亚种，引起本病的是前两个亚种。本菌为革兰氏染色阴性短粗杆菌，大小为（1～2）微米×（0.5～0.8）微米，有丰厚的荚膜，不形成芽孢，无鞭毛，不运动，兼性厌氧。在普通培养基上生长良好（图3-27），在鲜血琼脂培养基上生长旺盛，不溶血。本菌对升汞、氯亚明高度敏感，链霉素对本菌具有抑制和杀死作用。

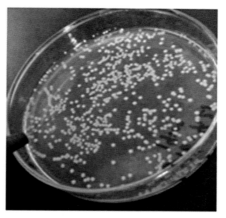

图3-27　肺炎克雷伯菌高黏液表型的拉
　　　　丝现象

【流行病学】肺炎克雷伯菌主要存在于人和动物的呼吸道、肠道，在自然界分布广泛，对水貂、雪貂、标准黑色貂、家兔、野鼠及人均有致病性。不分性别、年龄的貂均易感。主要经消化道、呼吸道及创伤而感染。本病没有明显的季节性，常呈地方流行或散发。

【临床症状】根据临床症状可分为败血型、脓肿型、蜂窝织炎型及麻痹型。

（1）**败血型** 突然发病，精神沉郁，体温升高，食欲减退或废绝（图3-28），呼吸困难，病程很短。

图3-28　患病水貂精神沉郁、鼻端干燥、食欲减退

（2）**脓肿型** 在颈部、肩部、背部等处发生脓肿，附近淋巴结肿胀。脓肿破溃后流出黏稠的脓汁，有的形成瘘管，严重影响皮毛质量。

（3）**蜂窝织炎型** 常在病貂颈部皮下结缔组织发生急性化脓性炎症，并向四周蔓延，发生广泛肿胀、肌肉化脓、坏死。

（4）**麻痹型** 食欲下降或废绝，后肢出现麻痹，多数病例在2～3天内死亡。

【病理变化】有的病例在颈部有蜂窝织炎（图3-29）。

脾脏肿大、出血、柔软。气管出血（图3-30），肺脏瘀血、出血（图3-31）。患病死亡水貂肺间质增厚、出血、炎性细胞浸润（图3-32）。急性败血型病例可见纤维蛋白性或化脓性肺炎，肝脏肿大，淋巴结肿胀、出血。

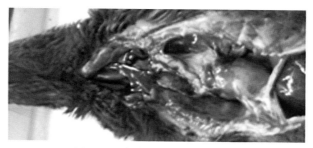

图3-29　患病水貂颈部蜂窝织炎

图3-30　患病水貂气管出血、有黏液

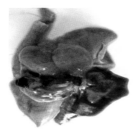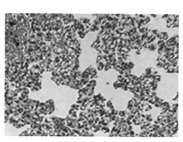

图3-31　患病水貂肺瘀血、出血

图3-32　患病水貂肺间质增厚、出血、炎性细胞浸润

【诊断】根据流行病学特点、临床症状、病理变化等特征可对本病作出初步诊断，但确诊需进行实验室诊断。可进行细菌分离鉴定、平板凝集实验等方法对本病进行检测、确诊。

【防控】加强饲养管理，注重饲料、饮水的卫生，禁止给动物饲喂腐败或被污染的饲料。对于患病动物进行隔离，积极治疗，可应用庆大霉素等药物，全群用药，防控效果会更好。

（谢之景）

三、链球菌感染

链球菌感染主要是由 β 溶血性链球菌引起的多种人兽共患病的总称。动物链球菌病中以猪、牛、羊、马、鸡较常见，近年来，水貂、牦牛、兔和鱼类也有发生链球菌病的报道。人链球菌病以猩红热较多见。链球菌病的临床表现多种多样，可以引起多种化脓创和败血症，也可表现为局限性感染。

【病原】链球菌的种类繁多，在自然界分布很广，一部分对人兽有致病性，一部分无致病性。本菌呈圆形或卵圆形，常排列成链，链的长短不一，短者成对，或由 4 ~ 8 个菌组成，长者数十个甚至上百个。在固体培养基上常呈短链，在液体培养基中易呈长链。大多数链球菌在幼龄培养物中可见到荚膜，不形成芽孢，多数无鞭毛，革兰氏染色阳性。本菌为需氧或兼性厌氧菌。多数致病菌的生长条件要求较高，在普通琼脂上生长不良，在加有血液、血清的培养基中生长良好。在菌落周围形成 α 型（草绿色溶血）或 β 型（完全溶血）溶血环。前者称草绿色链球菌，致病力较低；后者称溶血性链球菌，致病力强，常引起人和动物的多种疾病。本菌的致病因子主要有溶血毒素、红斑毒素、肽聚糖多糖复合物、内毒素、透明质酸酶、DNA酶（有扩散感染作用）和NAD酶（有白细胞毒性）等。根据兰氏血清学分类法，将链球菌分为20个血清群（A、B、C……V、I、J）。A群主要对人类致病，如猩红热、扁桃腺炎及各种炎症和败血症。对动物有致病性的链球菌主要属于B、C、D、E、L、N、P等群。链球菌对热和普通消毒药抵抗力不强，多数链球菌经60℃加热30分钟可被灭活，煮沸可立即被灭活。常用的消毒药，如2%石炭酸、0.1%新洁尔灭、1%煤酚皂液，均可在3～5分钟内将其杀死。日光直射2小时死亡。0～4℃下可存活150天，冷冻6个月特性不变。

【流行病学】链球菌分布广泛，常以共栖菌和致病菌的方式存在于大多数健康的哺乳动物，也存在于人，甚至也可从冷血动物分离到，有的甚至有益于动物和人类，但有相当一部分有致病作用。链球菌的易感动物较多，猪、马属动物、牛、绵羊、山羊、鸡、兔、水貂及鱼等均易感。患病动物是主要的传染源，无症状和病愈后的带菌动物也可排出病菌成为传染源。该病主要经呼吸道和受损的皮肤及黏膜感染。链球菌的致病作用一般要在多种诱因作用下才能发生作用，如饲养管理不当，环境卫生差，夏季气候炎热、干燥，冬季寒冷潮湿，乍寒乍暖，以及遗传因素等使动物抵抗力降低时，都可能促进动物发病。

【临床症状与病理变化】患病动物体温升高。细菌在繁殖过程中产生的毒素作用，使大量红细胞溶解，血液成分改变，血管壁受损和整个血液循环系统发生障碍。患病水貂气管出血并有泡沫，肺出血、瘀血（图3-33），以致发生全身性败血症。最后导致各个实质器官严重充血、出血，浆液腔出现大量浆液纤维蛋白，肝脏肿大、质硬，胆囊肿大、胶样浸润，脾脏肿大、质软，骨髓出血等。当机体抵抗力强时，网状内皮细胞吞噬机能活跃，在经过短暂的菌血症之后，大部分细菌在血液中消失，小部分细菌被局限在一定范围内或定居在关节囊内，在变态反应的基础上引起关节炎，有疼痛感、表现跛行。严重的引起脓肿。

图3-33 患病水貂气管出血并有泡沫，肺出血、瘀血

【诊断】根据链球菌病的临床特征、病理变化及流行病学易于作出初步诊断，确诊需进行实验室检查。可采用细菌学检查、动物接种等方法对链球菌病进行确诊。

【防控】平时应建立和健全消毒隔离制度。保持圈舍清洁、干燥及通风，及时清除粪便，定期更换垫料，保持地面清洁。引进动物时须经检疫和隔离观察，确认健康时方能混群饲养。加强管理，作好防风防冻，增强动物自身抗病力，也是预防本病的主要措施。当发现本病疫情时，应立即采取紧急防控措施。

①尽快确诊，制订紧急防控办法，划定疫点、疫区，隔离病兽，封锁疫区。禁止动物群调动，关闭动物交易市场。将疫情上报主管部门和邻接地区的县、乡。

②对被污染的圈舍、用具进行消毒后，再进行彻底清洗、干燥。粪便和垫料堆积发酵。

③对全群动物进行检疫，发现体温升高和有临床表现的动物，应进行隔离治疗或淘汰，可选用对革兰氏阳性菌最有效的青霉素、氯霉素、土霉素和四环素等进行治疗。

（谢之景）

四、葡萄球菌感染

葡萄球菌病通常称为葡萄球菌感染，是由葡萄球菌引起的人和动物多种疾病的总称，常引起皮肤的化脓性炎症、菌血症、败血症和各内脏器官的严重感染。葡萄球菌广泛存在于自然界，易使人和动物形成带菌状态，所以该菌有广泛传播的机会。近年来，耐药菌株的增多引起许多重要器官的疾病，危及人和动物的生命健康。

【病原】葡萄球菌为革兰氏阳性球菌，无鞭毛，不形成芽孢和荚膜，常呈葡萄串状排列，在脓汁或液体培养基中常呈双球或短链状排列，为需氧或兼性厌氧菌，在普通培养基上生长良好。根据细菌壁组成、血浆凝固酶、毒素产生和生化反应的不同，可将葡萄球菌属分为金黄色葡萄球菌、表皮葡萄球菌和腐生性葡萄球菌3种，其中主要的致病菌为金黄色葡萄球菌。葡萄球菌的致病力取决于其产生毒素和酶的能力，已知致病性菌株能产生血浆凝固酶、肠毒素、皮肤坏死毒素、透明质酸酶、溶血素、杀白细胞素等多种毒素和酶。大多数金黄色葡萄球菌能产生血浆凝固酶，还能产生数种能引起急性胃肠炎的蛋白质性的肠毒素。葡萄球菌对外界环境的抵抗力较强。在尘埃、干燥的脓血中能存活几个月，80℃条件下加热30分钟才能被杀死。对龙胆紫、青霉素、红霉素等敏感，但易产生耐药菌株。

【流行病学】葡萄球菌在空气、尘埃、污水及土壤中均有存在，也是人和动物体表及上呼吸道的常在菌。多种动物及人均易感。可通过多种途径感染，破裂和损伤的皮肤、黏膜是该菌主要的入侵门户，甚至可经汗腺、毛囊进入机体组织，引起毛囊炎、疖、痈、蜂窝织炎、脓肿以及坏死性皮炎等。经消化道感染可引起食物中毒和胃肠炎；经呼吸道感染可引起气管炎、肺炎。也常成为其他传染病的混合感染或继发感染的病原。葡萄球菌病的发生和流行，与多种诱发因素有密切关系，如饲养管理条件差、环境恶劣、污染程度严重、有并发病存在使机体抵抗力减弱等。

【临床症状和病理病变】乳房炎主要由金黄色葡萄球菌引起。急性乳房炎患区呈现炎症反应，含有大量脓性絮片的微黄色至微红色浆液性分泌液，白细胞渗入到间质组织中，受害小叶水肿、增大，有轻微疼痛。重症患区红肿、迅速增大、变硬、发热、疼痛，乳房皮肤绷紧，呈蓝红色，仅能挤出少量微红色至红棕色含絮片分泌液，恶臭，有的病例伴有全身症状。慢性乳房炎，病初常被忽视，多不表现症状，但泌乳量下降，后期可见到因结缔组织增生而硬化、缩小，乳池黏膜出现息肉并增厚。

渗出性皮炎，病初首先在肛门和眼睛周围、耳郭和腹部等无被毛处皮肤上出现红斑，出现直径为3～4毫米的微黄色水疱，迅速破裂，渗出清亮的浆液或黏液，与皮屑、皮脂和污垢混合，干燥后形成微棕色鳞片状结痂，发痒，痂皮脱落，露出鲜红色创面。

经呼吸道感染时，可引起上呼吸道炎症，肺出血、瘀血（图3-34）。经消化道感染时，可引起肠炎，多由吸吮患乳房炎母兽的乳汁引起。发病急，病死率高，多波及全窝。病兽肛门松弛，排黄色水样粪便，肛门周围和两后肢外侧被毛被稀便污染（图3-35），有腥臭味。全身乏力、嗜睡。病后2～3天，因脱水或心力衰竭而死亡。剖检可见肠黏膜充血、出血或肠管充满黏液，膀胱极度扩张、内含大量黄色尿液。

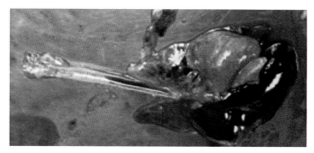

图3-34 患病水貂，肺出血、瘀血

图3-35 肛门周围和两后肢外侧被毛被稀便污染

【诊断】根据临床症状和流行病学特点可对本病作出初步诊断。但确诊或为了选择最敏感的药物，还需进行实验室检查，可采用细菌分离鉴定、血清学检查、对流免疫电泳（CIE）或ELISA检查血清中的抗体等方法进行检查。

【防控】由于葡萄球菌在自然界分布广泛，宿主范围广，人和动物的带菌率很高，要根除这样一种条件性致病菌与其引起的疾病几乎是不可能的。为控制本病的发生，首先要加强消毒工作，减少敏感宿主对具有毒力和耐抗生素菌株的接触，还要严格控制有传播病菌危险的病人和病兽；其次，要注意消毒，对手术伤、外伤、脐带、擦伤等按常规操作，被葡萄球菌污染的手和物品要彻底消毒。对动物，应加强饲养管理，防止因环境因素的影响而使抗病力降低，圈舍、笼具和运动场地应经常打扫，注意清除带有锋利尖锐的物品，防止划破毛皮。对患病动物进行隔离，积极治疗。应对从患者或患病动物分离的菌株进行药敏试验，找出敏感药物进行治疗。

（谢之景　郭慧君）

五、巴氏杆菌感染

巴氏杆菌感染是主要由多杀性巴氏杆菌所引起的，发生于多种家畜、禽类、野生动物和人类的一种人兽共患传染病的总称。动物急性病例以败血症和炎性出血过程为主要特征，人的病例罕见，且多呈伤口感染。

【病原】多杀性巴氏杆菌为两端钝圆、中央微凸的革兰氏染色阴性短杆菌，病料组织或体液涂片用瑞氏、姬姆萨氏法或美蓝染色镜检，见菌体多呈卵圆形，两端着色深，中央部分着色较浅，很像并列的两个球菌，所以又称为两极杆菌。用印度墨汁等染料染色时，可看到清晰的荚膜。本菌存在于患病动物全身各组织、体液、分泌物及排泄物中，只有少数慢性病例仅存在于肺脏的小病灶里。健康动物的上呼吸道也可能带菌。本菌对物理和化学因素的抵抗力比较低。普通消毒药常用浓度对本菌都有良好的消毒力。除多杀性巴氏杆菌外，溶血性巴氏杆菌等有时也可成为本病病原。

【流行病学】多杀性巴氏杆菌对多种动物（家畜、野生动物、禽类）和人均有致病性。患病动物由其排泄物、分泌物不断排出有毒力的病菌，污染饲料、饮水、用具和外界环境，经消化道而传染给健康动物，或由咳嗽、喷嚏排出病菌，通过飞沫经呼吸道而传染，吸血昆虫的媒介和皮肤、黏膜的伤口也可发生传染。一般情况下，不同动物间不易互相感染。当饲养在不卫生的环境中，由于寒冷、闷热、气候剧变、潮湿、拥挤、圈舍通风不良、阴雨连绵、营养缺乏、饲料突变、过度疲劳、长途运输、寄生虫病等诱因，而使动物抵抗力降低时，病菌即可乘机侵入体内，经淋巴液而入血流，发生内源性传染。本病的发生一般无明显的季节性，多为散发。

【临床症状】在实际临床中，狐狸、貉病例少见。本病不易观察到典型症状，多突然死亡或食欲不振，卧于小室内不活动，鼻镜干燥（图3-36），被毛蓬乱、下痢、抽搐而死亡。水貂多为急性经过，幼貂先发病，然后大群突然发作。超急性死亡或以神经症状开始，痉挛、虚脱、出汗而死。病貂类似感冒，不愿意活动，体温升高。食欲减退或者不食，渴欲增加。肺型病例呼吸困难，频数，心跳加快。

有的病貂鼻孔有少量黏液性无色或血样分泌物；有的头颈水肿，眼球突出，一般2～3天死亡。肠型病例食欲减退，废绝，下痢，粪便呈灰绿色水样（图3-37），混有血液、黏液和未消化的饲料，眼球塌陷，卧于小室不活动，通常昏迷、痉挛而死。慢性经过时，精神、食欲不振或拒食，呕吐，黏膜贫血、发白，极度消瘦，被毛无光泽，如不及时治疗，很快死亡。

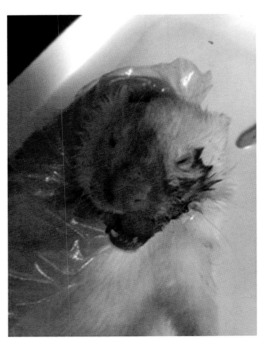

图3-36　患病死亡水貂鼻镜干燥、有血样分泌物，被毛蓬乱

图3-37 患病水貂粪便呈灰绿色水样、有黏液及未消化的饲料

【病理变化】患病动物肝、脾、肾、胃肠道等器官黏膜、浆膜充血、出血。气管出血（图3-38）。肺表面有大量出血点（图3-39）。胸腔有淡黄红色、浆液性纤维素性黏稠渗出液（图3-40），胸膜点状出血。气管黏膜充血和带状出血。脾肿大、边缘钝、呈暗红色（图3-41）。心脏内外膜出血。肝

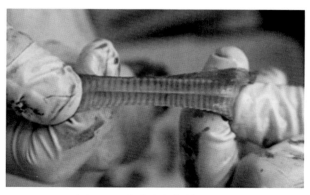

图3-38 患病水貂气管环出血

充血、瘀血，有多处出血点和坏死灶，切开流出大量褐红色血液。肾皮质充血、出血，包膜下有出血点。肠系淋巴结肿大，呈暗紫色，有出血点。脑部水肿、点状出血。

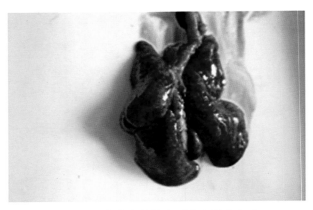

图 3-39 患病水貂肺表面有大量出血点

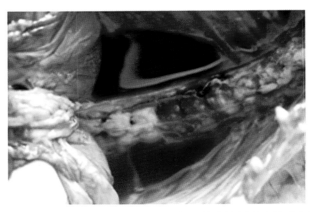

图 3-40 患病水貂胸腔有淡黄红色、浆液性纤维素性黏稠渗出液

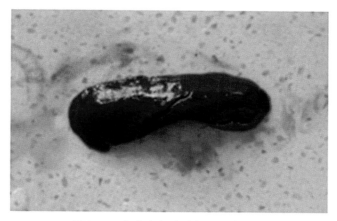

图3-41　患病水貂脾肿大，呈暗红色

【诊断】根据流行病学材料、临诊症状和剖检变化，结合对患病动物的治疗效果，可对本病作出诊断，确诊有赖于细菌学检查。败血症病例可从心、肝、脾或体腔渗出物等，其他病型主要从病变部位、渗出物、脓汁等取材，如涂片镜检见到两极染色的卵圆形杆菌，接种培养基分离到该菌，可以得到正确诊断，必要时可用小鼠进行实验感染。

【防控】发病后，首先要改善饲养管理，从日粮中排除可疑饲料，投给新鲜易消化的饲料，给予清洁的饮水，提高机体抵抗力。对患病动物及时隔离。早期应用抗生素或磺胺类的药物能起到良好效果，如恩诺沙星、诺氟沙星、土霉素、复方新诺明等。对心脏衰弱的动物，强心补液，给以维生素C等药物对症治疗。

（司志文）

六、产气荚膜梭菌感染

产气荚膜梭菌感染是由A型产气荚膜梭菌引起的水貂、狐狸、貉等动物的高度致死性肠毒血症，以出血性腹泻、病程短、病死率高、小肠后段的弥漫性出血或坏死性变化、排黑色黏性粪便为主要特征，又称梭菌性肠炎或传染性坏死性肠炎。

【病原及流行病学】产气荚膜梭菌两端钝圆，无鞭毛，有荚膜，单个或成对存在，厌氧菌，革兰氏染色阳性。产气荚膜梭菌在自然界中广泛存在，多见于饲料、食物、土壤等中。毛皮动物因食入污染的饲料、突然变换饲料、饲料中蛋白质含量过多、饲料变质等导致胃肠道正常菌群失调，产气荚膜梭菌迅速繁殖，产生毒素，引起肠毒血症和下痢死亡。本病呈散发或在某几个养殖场中流行。一般在秋季发生严重。

【临床症状】该病潜伏期为12 ~ 24小时，病程短，一般无任何前期症状，突然死亡，发病动物精神不振，食欲废绝，腹部疼痛，全身肌肉震颤，随后导致死亡。典型临床症状主要特征是急性下痢，排黑色黏性血样粪便（图3-42），腹部膨大（图3-43）。

图3-42 患病水貂急性下痢，排黑色黏性血样粪便

图 3-43　患病狐狸腹部膨大

【病理变化】打开腹腔有特殊的腐臭味，胃肠内充满气体

图 3-44　患病狐狸胃黏膜潮红、有溃疡

而扩张，切开胃壁，胃黏膜上有大小不等的黑色溃疡面（图3-44）。盲肠充气、扩张，肠系膜上可见圆形的出血斑，小肠积液积气、肠壁变薄、透明（图3-45），各肠道内充满腐败的黑色黏稠糊状粪便。肝脏

肿胀、出血。肺脏有明显的出血斑。肾脏肿胀，肾皮质出血。

图3-45　患病水貂胃肠积液、积气，肠壁变薄，充满血样
　　　　内容物

【诊断】根据流行病学特点、临床症状和病理变化可作
出初步诊断。最有诊断价值的解剖病变是胃黏膜上弥漫性
圆形溃疡灶和盲肠壁膜下芝麻粒大小的出血斑点。确诊需
进行细菌学检查和毒素测定。

【防控】加强饲养管理，严格控制饲料的污染和变质，
质量不好的饲料不能喂。全年饲料中添加弗吉尼亚霉素
20～30毫克/千克，可有效预防本病。发生本病后，立即
查明是否由于饲喂了变质饲料而引起。如果是，则应立即
停止饲喂变质的饲料。不要随便改变饲料的配比或者更换
饲料，使用消毒药消毒。可用抗生素、磺胺类药和喹诺酮
药物预防投药。

（司志文）

七、阴道加德纳菌感染

阴道加德纳氏菌病是由阴道加德纳氏菌感染引起的一种人兽共患的细菌性传染病。阴道加德纳氏菌主要侵害泌尿生殖系统，患病动物表现繁殖障碍，妊娠中断、流产、死胎，仔兽发育不良，产仔率下降和生殖器官炎症。阴道加德纳氏菌病是引起狐狸繁殖障碍的主要病因之一，在我国毛皮动物饲养场广泛存在，给养狐业造成了极大的经济损失。

【病原】阴道加德纳氏菌为革兰氏阴性菌，呈球杆、近球、杆状等形态，无荚膜、芽孢和鞭毛，单在、短链、呈"八"字形，对营养要求较为严格，常用兔血胰蛋白琼脂培养基，于37℃48小时长出光滑、湿润、微凸起透明小菌落，呈β溶血。

【流行病学】患病动物与带菌动物是本病主要的传染源。本病有明显的季节性，狐狸、貉、水貂均感染，其中狐狸易感染性更高。不同年龄、品种及性别的狐均可感染，通常母狐感染率高于公狐，成年狐感染率高于育成狐，北极狐的感染率高于其他狐种。另外，貉、水貂、犬也可感染。本病主要通过交配经生殖道或外伤途径感染，也可经胎盘进行垂直传播。

【临床症状】主要发生在狐狸繁殖期，受配母狐狸多数于妊娠后20～45天发生妊娠中断，表现为流产或胎儿吸收（图3-46）。流产前兆明显，母狐狸外阴部留出少量污秽不洁的恶露，有的患病狐狸出现血尿。流产后1～2天内体温稍高，精神不振，食欲减退，随后恢复正常。母兽可表现阴道炎、尿道炎、子宫颈炎、子宫内膜炎、卵巢囊肿、肾周肿胀，以及败血症；公狐狸表现前列腺炎、包皮炎，出现死精及精子畸形等。公狐狸性功能减退，配种能力下降或失去配种能力，公狐狸也常出现血尿。

图3-46　患病狐狸流产

【诊断】当繁殖母狐出现流产、空怀现象，在排除饲养管理、饲料营养等非传染性因素后，可初步怀疑是阴道加德纳氏菌病。镜检：将阴道分泌物涂片后染色，在显微镜下观察细菌是否为革兰氏阴性菌或变异的球菌样小杆菌及其所占比例。

【防控】我国养狐场已应用狐阴道加德纳氏菌铝胶灭活疫苗进行本病的预防。该疫苗免疫效果可靠，免疫期6个月，每年注射2次。在初次使用该疫苗前，最好进行全群检疫，对检出的健康狐立即接种，对病狐应取皮淘汰或药物治疗后进行疫苗注射。阴道加德纳氏菌对甲硝唑、替硝唑等药物敏感。对流产胎儿不可用手触摸。对流产狐阴道流出的污秽物污染的笼舍、地面，用喷灯或石灰彻底消毒。

（司志文）

八、附红细胞体病

附红细胞体病是由嗜血支原体感染引起的一种人兽共患传染病，主要寄生于红细胞表面，造成溶血性黄疸和贫血，可引起水貂生长速度缓慢、消化机能障碍，造成机体抵抗力下降，易于继发感染其他病原微生物。

【病原】嗜血支原体属于支原体科支原体属，是一种多形态微生物，形态随其宿主及生长阶段的不同而差异显著，常见的有环形、球形、卵圆形、分支杆状等。由于目前无法在体外培养嗜血支原体，因此，其许多生物学特性如增殖方式、生长特点、生化特征等尚不清楚。嗜血支原体对干燥和化学消毒剂较为敏感，抵抗力较弱。一般消毒剂几分钟即可将其杀死，在酸性溶液中活性反而会增强，对低温抵抗力极强。

【流行病学】患病动物与隐性感染动物是本病主要的传染源。嗜血支原体可通过接触、血源、交配及媒介昆虫叮咬等多种途径传播。人兽之间接触可导致机械性传播；污染的注射器、手术器械等也可传播；人工授精，可通过污染的精液传播。本病可垂直传播。本病一年四季均可发生，但多发于夏、秋季，以及多雨、吸血昆虫活动频繁的季节，呈散发或地方流行。气候恶劣、饲养管理不善等应激因素可诱发或加重疫情。

【临床症状】患病动物精神沉郁，食欲不振，被毛粗乱，四肢肌肉无力，体质虚弱，明显消瘦，牙龈及可视黏膜苍白

（图3-47），体温升高，呼吸加快，尿少而色深黄。开始发病时粪干，后期腹泻、粪中带血（图3-48）。母兽可出现繁殖障碍，如不发情、屡配不孕、死胎、早产、流产等。公兽无精、精子畸形、因体虚而导致配种能力明显下降。

图3-47　患病水貂、狐狸牙龈及可视黏膜苍白

图3-48　发病后期水貂腹泻，粪中带血

【病理变化】死亡动物剖检可见黏膜、浆膜、皮下脂肪黄染、血液稀薄、血凝不良。腹腔及胸腔积水。肝脏肿大、

发黄（图3-49）。淋巴结肿大（图3-50）。脾脏肿大1～2倍，表面有粟粒大的结节。胆囊肿大，充满浓稠的胆汁。肾脏肿大，外观颜色发白。心包积液。胃肠黏膜出现不同程度的炎性病变，有时肠腔内积有暗红色黏液。

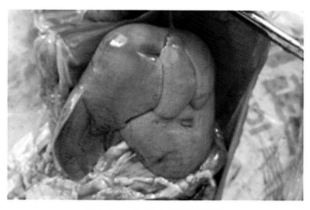

图3-49　患病水貂肝脏黄染

图3-50　患病水貂肠系膜淋巴结肿大、出血

【诊断】根据流行病学特点、临床症状、病理变化可作出初步诊断，确诊需进行实验室检测，可采用压片法、直接涂片等方法进行镜检，也可采用PCR等方法进行检测。

【防控】夏秋季节必须搞好消灭蚊蝇工作，严格控制蚤与虱子等吸血昆虫和疥螨的滋生，重视外科器械和注射器的消毒，做到一兽一针，严禁一针多用，防止由于注射针头交叉使用而造成疫病的传播。饲料中添加盐酸土霉素或盐酸多西环素，连服7天。发病严重的可以肌内注射血虫净针剂，按使用说明剂量注射。严格做到一兽一针头。饲料中添加黄芪多糖、维生素C等，增强机体的抗病能力，减少应激反应。

（司志文）

九、破伤风

破伤风又名"强直症"，是由破伤风梭菌经伤口感染引起的急性、中毒性传染病。临诊主要表现骨骼肌持续性痉挛和对刺激反射兴奋性增高。

【病原】破伤风梭菌长4～8微米，宽0.3～0.5微米，多单个存在，为革兰氏阳性杆菌，有鞭毛，能运动，无荚膜，能形成芽孢，在菌体一端似鼓槌状。本菌的繁殖体在外界抵抗力不强，但其芽孢体抵抗力甚强，在土壤中可存活几十年，能耐100℃蒸汽40～60分钟，煮沸1～3小时才死亡，5%石炭酸15小时，3%福尔马林24小时，10%碘酊、10%漂白粉和30%双氧水10分钟。对β-内酰胺类抗生素敏感，磺胺类次之，链霉素无效。

【流行病学】破伤风是人兽共患传染病之一，多为零星散发，无明显季节性，但春秋雨季、环境不洁时多发。

【临床症状与病理变化】潜伏期一般为1～3周。毛皮动物发病时，体温一般正常，病初表现精神沉郁，运动障碍，四肢弯曲，有食欲但采食、咀嚼、吞咽困难，舌边缘常见牙齿咬痕或咬伤，对外界的刺激反应性增强，全身骨骼肌呈强直性痉挛（图3-51），两耳直立不能转动，眼球凹陷，鼻孔扩张，背腰发硬，尾根高举或偏向一侧，不能自由活动，惧怕声音和强光。当受到突然刺激时，表现惊恐不安，呼吸浅表，心悸亢进，节律不齐，排粪迟滞。最后，常因饥饿和自体中毒而死亡。

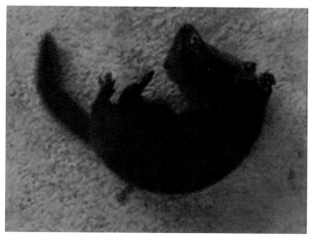

图3-51　患病水貂骨骼肌呈强直性痉挛

剖检内脏器官无明显变化，可见肺脏充血、水肿或出现异物性肺炎，全身黏膜、浆膜可能有出血点，四肢和躯干肌间结缔组织呈现浆液性浸润。

【诊断】根据流行特点、临床症状及病理变化，可以作出初步诊断。确诊需进行实验室检测。

【防控】在常发病的毛皮动物养殖场，可用精制破伤风类毒素免疫接种。尽量减少或杜绝外伤的发生，一旦出现外伤要立即用消毒药液清洗伤口，最后用5%碘酊或碘伏外涂。对笼舍要经常保持卫生清洁、舍窝干燥、通风、保暖，垫草应经过消毒溶液处理及太阳暴晒后方可使用。

（牛绪东　杨万郊）

十、沙门氏菌感染

沙门氏菌病又称副伤寒，是由沙门氏菌属的细菌引起的各种疾病的总称。毛皮动物（狐、貉、貂和海狸鼠等）的沙门氏菌病主要是由沙门氏菌属中的肠炎沙门氏菌、猪霍乱沙门氏菌和鼠伤寒沙门氏菌等引起的一种接触性传染病。皮毛动物发病后的主要特征是发热和腹泻，体重迅速减轻，脾脏显著肿大和肝脏变性、出血，常呈地方性流行。

【病原】沙门氏菌长1～3微米，宽0.4～0.6微米，为两端钝圆、中等大小的直杆菌，革兰氏染色阴性，无荚膜，不形成芽孢，除鸡白痢和鸡伤寒沙门氏菌外均有周鞭毛，能运动，个别菌株可出现无鞭毛的变种。绝大多数细菌具有菌毛，能吸附于细胞表面或凝集豚鼠红细胞。为需氧及兼性厌氧，培养适温37℃。具有菌体（O）抗原、鞭毛（H）抗原、荚膜（K）抗原和菌毛（F）抗原。本菌有2 000多个不同的血清型，可分为49个群，对人和动物致病的血清型主要分属于A～F群。常见的有肠炎沙门氏菌、猪霍乱沙门氏菌、鼠副伤寒沙门氏菌、雏禽白痢沙门氏菌、都柏林沙门氏菌、蒙泰维体沙门氏菌、伦敦沙门氏菌及培塔沙门氏菌等。

本菌抵抗力较强，60℃1小时，70℃20分钟，75℃5分钟死亡。对低温、腐败、日光等因素也有较强的抵抗力，在琼脂培养基上于－10℃经115天尚能生存，在干燥的沙土中可生存2～3个月，在干燥的排泄物中可存活4年之久。在含20%食盐的腌肉中，6～12℃的条件下，可存活4～8个月。但热食品中沙门氏菌的致死作用，依污染程度而定。本菌在1∶1 000升汞、1∶500甲醛、3%苯酚溶液中15～20分钟可被杀死。

【流行病学】在自然条件下，毛皮动物中各年龄的银黑狐、北极狐和海狸鼠均易感，以幼兽更为易感。而水貂、紫貂等抵抗力较强。患病动物和带菌动物是本病的主要传染源。被沙门氏菌污染的畜禽肉及其副产品、乳、蛋及饲料也是重要的传播媒介。该病主要经消化道感染。患病和带菌动物由粪便、尿液、乳汁及流产的胎儿、胎衣和羊水排出病菌，污染饲料和饮水，狐、貂和貉食入被污染的饲料或饮水而发病。饲喂患有沙门氏菌病的畜禽肉、乳、蛋和副产品，如鸡架、鸡肝、鸭肝、鸡肠及其他动物内脏等最易引起发病。此外，啮齿动物、禽类和蝇等也能将病原菌携带入毛皮动物养殖场，引起动物感染。

本病没有明显的季节性，但是狐、貂和貉的生理周期具有明显的季节性，所以沙门氏菌病在狐、貂和貉的发病具有一定的季节性。本病主要侵害1～2月龄的仔兽，成年兽对本病有一定的抵抗力，一般在夏季多发，即6～8月份，常呈地方性流行。妊娠母兽发生本病时，因子宫感染，常发生大批流产，或产后1～10天仔兽发生大批死亡。

本病的发生与健康动物群内普遍带菌有一定的关系。当受外界不良因素影响时，动物抵抗力下降而发生内源性传染，病菌连续通过易感动物，毒力变强，传染性增强。各种外界因素的改变，如饲养管理不当、饲养密度过大、缺乏全价日粮及饲料变质、卫生条件差、防疫不到位，以及各种应激因素，如仔狐换牙期、断奶期饲料质量不好，使机体抵抗力下降，也成为本病发生的诱因。本病的死亡率较高，一般可达40%～65%。

【临床症状】自然感染时潜伏期为3～20天，平均为14天；人工感染时潜伏期为2～5天。根据机体抵抗力及菌株毒力、数量等的不同，临床症状表现多样，大致可为急性型、亚急性型和慢性型3种。

(1) **急性型**　患病动物表现拒食，先兴奋后沉郁，体温升高，只有在死前体温下降，大多病兽躺卧于小室内。两眼流泪，弓腰，行动缓慢，发生呕吐、腹泻，在昏迷状态下死亡。病程一般短者5～10小时死亡，长者2～3天死亡。急性病例多以死亡为转归，幸存者可转为慢性型。

(2) **亚急性型**　患病动物精神沉郁，体温升高，呼吸减弱，食欲废绝，被毛蓬乱，眼窝下陷，有时出现化脓性结膜炎。少数病例有黏液性鼻液或咳嗽。病狐消瘦、腹泻、个别呕吐，粪便呈液状或水样，混有大量胶冻样黏液（图3-52），有的病例粪便带血。四肢软弱无力，后肢常呈海豹式拖地，没有支撑能力，时停时蹲，似睡状，后期出现后肢不全麻痹，在高度衰竭的情况下7～14天死亡。有的病例皮肤、黏膜黄染。

(3) **慢性型**　可由急性或亚急性病例转变而来，也有的一开始就呈慢性经过。患病动物食欲减退，胃肠功能紊

图3-52　患病动物粪便呈红黄色、黑色、水样

乱，腹泻，粪便混有黏膜，逐渐消瘦、贫血，眼球塌陷，有时出现化脓性结膜炎。被毛松乱，无光泽及集结成团。病兽大多躺于小室内，很少走动，步态不稳，前进缓慢，在高度衰竭的情况下死亡。病程多为3～4周，有的可达数月之久。临床康复后可成为带菌者。

在配种期和妊娠期发生本病的母兽，出现大批空怀和流产，空怀率达14%～20%，在产前5～15天流产达10%～16%，流产母兽表现轻微不适的症状或根本观察不出异常表现而流产；即使不流产，仔兽生后发育不良，多数在生后10天内死亡，死亡数占出生数的20%～22%。哺乳仔兽患病，表现虚弱，不活动，吸乳无力，同窝仔兽分散于窝内，有时发生昏迷或抽搐，呈侧卧、游泳样运动，发出轻微的呻吟和叫声，有的发生抽搐与昏迷，多数病仔兽持续2～7天后死亡。耐过者发育迟缓，长期带菌。

【病理变化】患病动物脱水、消瘦（图3-53），可视黏膜、皮下组织、肌肉、内脏器官都有程度不同的黄染。胃空虚或有少量食物和黏液，胃黏膜增厚、有皱褶，有时充血，少数病例胃黏膜有散在的出血点。大肠无明显变化，少数有黏液性内容物或充血。急性型肝脏出血，呈黑红色；亚急性和慢性病兽肝脏呈不均匀的土黄色，切面外翻，有黏稠的血样物；胆囊肿大充盈，内有浓稠的胆汁。脾脏质脆，高度肿大，被膜紧张，呈黑红色或暗褐色（图3-54），

图3-53　患病动物尸体消瘦

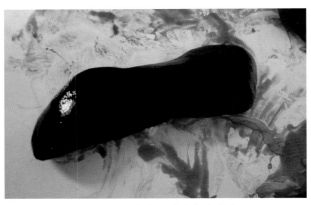

图3-54　患病动物脾脏高度肿大

被膜下出血，切面流出多量红色液体。纵隔、盆腔处及肠系膜淋巴结肿大，质地柔软，呈灰红色或灰色，切面多汁。肾脏微肿，呈暗红色、灰红色或带有淡黄色，被膜下常见点状出血。膀胱空虚，黏膜有散在的出血点。多数病例肺脏无明显变化，有的病例胸膜有弥漫性点状出血。慢性病例心肌变性呈煮肉样。脑实质水肿，侧脑室内有大量脑脊液。

【诊断】根据流行特点、临床症状及病理变化，可以作出初步诊断。最终确诊需进行细菌学检查。可以从死亡患病动物的脏器和血液中进行细菌的分离鉴定。用无菌方法采血，接种于3～4支琼脂斜面或肉汤培养基内，在37～38℃温箱中培养，经6～8小时便有该菌生长，将其培养物和已知沙门氏菌阳性血清进行凝集反应，即可确诊。此外，琼脂扩散试验、荧光抗体试验等也可用于本病的诊断。

【防控】本病的防控原则是加强饲养管理，杜绝引进传染源与药物预防相结合，执行严格的卫生消毒措施与隔离淘汰制度，提高仔兽的抵抗力，特别是在妊娠和哺乳期母兽应保证供给多价饲料和易消化的饲料，以保证仔兽正常生长发育。

在引种时应注意严格的检疫，尤其是在本病净化场更应如此。为了防止本病的发生，还应当在饲料中混入抗生素类药物，如磺胺类药物等，亦能有效地降低本病的发病率。同时，对动物使用的饮水、饲具及活动场所定期消毒，并对发病动物及时隔离治疗或淘汰。

对于患病动物进行隔离，积极治疗，以抗炎、解热、镇痛为治疗原则，一般用新霉素和螺旋霉素等抗生素治疗；为保持心脏功能，可皮下注射10%樟脑磺酸钠，幼兽为0.5～1毫升，成年兽2毫升，也可以用拜有利注射液（此药优点为抗菌谱广，半衰期长，注射1次/天）；为了保持体内电解质平衡，防止脱水，有条件的可以静脉注射5%葡萄糖生理盐水。同时可用安痛定注射液镇痛解热。

（牛绪东　杨万郊）

十一、大肠杆菌感染

大肠杆菌病是由致病性大肠杆菌的某些血清型所引起的一类人兽共患传染病。对于狐、貂、貉，主要危害断奶前后的幼龄动物，常呈败血性经过，伴有严重的腹泻，并侵害呼吸系统和中枢神经系统；成年母狐患本病常发生流产和死胎。

【病原】大肠杆菌为革兰氏染色阴性菌，无芽孢，长0.4～0.7微米，宽2～3微米，两端钝圆，散在或成对，个别呈短链存在。大多数菌株以周身鞭毛运动，但也有无鞭毛或丢失鞭毛的无动力变异株。一般均有L型菌毛，少数菌株兼具性菌毛。除少数菌株外，通常无可见荚膜，但常有微荚膜。本菌为需氧或兼性厌氧菌，对营养要求不苛刻，在一般培养基均能生长，15～45℃下均可发育，最适温度37℃，pH7.4。本菌易在普通琼脂上生长，形成凸起、光滑、湿润的乳白色菌落；在麦康凯培养基上形成红色菌落。

大肠杆菌的抗原结构及血清型极为复杂。抗原主要由菌体抗原（O抗原）、荚膜抗原（K抗原）和鞭毛抗原（H抗原）组成，此外还有菌毛抗原（F抗原）。O抗原为多糖-类脂-蛋白质复合物，即内毒素。已确定的大肠杆菌O抗原有173种，K抗原有80种，H抗原有56种。从水貂、北极狐、银狐等毛皮动物分离到的致病性大肠杆菌血清型有

O3、O20、O26、O55、O111、O118、O121、O129、O124、O127、O128等。有K抗原的细菌不能被O血清凝集，并有吞噬能力，毒力较强。血清型与致病性有着密切关系，有些血清型只能引起一种动物发病，而另一些血清型则能引起多种动物发病。

本菌的抵抗力不强，对一般消毒药如漂白粉、石炭酸等均很敏感。大肠杆菌对热的抵抗力较强，55℃ 60分钟或60℃ 15分钟一般不能杀死所有的菌体，但60℃ 30分钟能将其全部杀死。在潮湿温暖的环境中能存活近1个月，在寒冷干燥的环境中生存时间更长，自然界水中的大肠杆菌能存活数周至数月。

【流行病学】各种年龄的毛皮动物均具有易感性，但以10日龄以内银黑狐和北极狐的仔兽最易感。据统计，1～5日龄仔兽患大肠杆菌病死亡的占50.8%，6～10日龄仔兽患本病死亡的占23.8%。水貂的仔兽在哺乳期对本病有较强的抵抗力，但在断奶后受威胁最大。成年银黑狐、北极狐、水貂对本病易感性轻微。患病和带菌动物是本病的主要传染源。被污染的饲料和饮水也是本病重要的传播媒介。健康动物通过接触发病或带菌动物粪便污染的饲槽、饲料及饮水，通过消化道而感染。造成仔兽抵抗力下降的因素比较多，如饲养管理条件不良、母兽妊娠期和哺乳期饲料不全价和饲料种类骤变、母兽的奶量不足、小室内不卫生、垫草潮湿或不足等，都能诱发本病的发生。

本病多发生于断奶前后的幼兽，并且多呈暴发流行，成年和老年动物很少发病。水貂、狐和貉大肠杆菌病主要为急性或亚急性型，如不治疗，死亡率为20%～90%。

【临床症状】动物机体状况、大肠杆菌的数量和毒力，以及动物的饲养管理条件对潜伏期的影响很大。北极狐和银黑狐的潜伏期一般为2～10天，水貂为2～5天。

水貂、狐和貉的大肠杆菌病主要为急性或亚急性型。新生仔兽患病表现精神萎靡，不断尖叫，被毛蓬乱，发育迟缓，腹泻，尾和肛门污染粪便。当轻微按压腹部时，常从肛门排出黏稠度不均匀的液状粪便，呈淡黄白色、黄绿色、绿色或褐色、带血（图3-55至图3-57），在粪便中有未消化的凝乳块等。常在小室内不出来活动，而母兽常把患兽叼出，放在笼网上。日龄大的仔兽食欲下降，消瘦，不愿活动，持续性腹泻，粪便呈黄色、灰色或暗灰色，并混有黏膜，重症病例排便失禁。病兽虚弱无力，眼窝凹陷，两眼无神，半睁半闭，弓背，后肢无力，步态蹒跚，被毛蓬乱、无光泽。水貂幼仔患病时，有的还出现角弓反张、抽搐、痉挛及后肢麻痹等神经症状。母兽妊娠期患病，精神沉郁或不安，食欲减退，发生大批流产和死胎。

图3-55　患病动物粪便呈淡黄色

图3-56　患病动物粪便呈黄绿色、水样

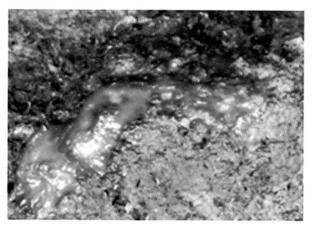

图3-57　患病动物粪便带血

【病理变化】患病死亡狐狸被毛粗乱无光，腹部膨胀，腹水呈淡红色，肠管内有少量气体和黄绿色、灰白色黏稠液体，黏膜充血、出血；胃壁有数个出血斑。急性病例脾脏一般无明显变化，亚急性和慢性病例脾脏都有不同程度的肿大、充血、瘀血。肝脏呈土黄色，被膜有出血点，表面附有纤维素块和坏死灶。肺脏呈出血性纤维素性肺炎变化，气管内有少量泡沫样液体。肾脏呈灰黄色或暗白色，包膜下出血。心内膜有点状或条纹状出血，个别病例胸腔有渗出性出血。脑炎型病例脑充血、出血，脑室内蓄积化脓性渗出物或淡红色液体；在软脑膜内发现灰白色病灶，脑实质软，切面有软化灶，常见于银黑狐和北极狐患病仔兽。

患病死亡水貂尸体消瘦，肝脏肿大、有出血点，脾脏肿大，肾脏充血、质软，心肌变性。胃肠呈卡他性或出血性炎症，尤以大肠明显，肠壁变薄，黏膜脱落，肠内充满气体，如鱼鳔样，肠内容物混有血液，肠系膜淋巴结肿大、出血。

【诊断】根据流行病学、临床症状和病理变化可作出初步诊断。确诊需进行细菌学检查，可采用大肠杆菌因子血清做凝集试验，以确定血清型，或用大肠杆菌单克隆抗体诊断制剂进行诊断。

【防控】加强饲养管理，保证饲料和饮水清洁，减少动物接触病原体的机会。特别是仔兽期要经常检查小室（产箱）内是否有积存的饲料，若有要及时除掉，以防吃后引起胃肠炎。提高机体的非特异性抵抗力，搞好兽医卫生防疫工作，加强对环境用具的消毒。仔兽断奶后，要给予优质饲料。发病季节，可给动物口服（混到饲料中）抗生素进行预防。要严格执行兽医卫生防疫制度，对患兽要隔离治疗，对污染的地面、用具及笼舍等要进行严格消毒。流产和产死胎的母兽要取皮淘汰或隔离饲养。与病仔兽同窝而幸存下来的仔兽也要隔离饲养或打皮淘汰。

发病后，排除可疑致病因素，切断传染源，用大剂量的磺胺类或抗生素药物，如恩诺沙星、环丙沙星、庆大霉素、黄连素、磺胺脒等进行治疗或预防，一般能很快控制本病。但应当注意，大肠杆菌易产生对抗生素的抗药性，所以在条件允许时，应先做药敏试验或几种抗生素联用，均可取得良好的效果。当发生大肠杆菌病时，除了实行一般兽医卫生措施（隔离、消毒）外，还应特别注意实行全群治疗，这样才能取得满意的结果。

（牛绪东　杨万郊）

十二、钩端螺旋体病

钩端螺旋体病是由钩端螺旋体引起的一种人兽共患传染病，以贫血、黄疸、发热、出血性素质、血红蛋白尿、败血症、流产、皮肤和黏膜坏死、水肿等为主要临床症状。多种温血动物、爬行动物、节肢动物、两栖动物、软体动物和蠕虫可自然感染钩端螺旋体。本病在世界各地均有流行。

【病原】钩端螺旋体是钩端螺旋体科钩端螺旋体属成员，大小为（0.1～0.2）微米×（6～20）微米，有12～18个弯曲细密规则的螺旋，菌体一端或两端弯曲呈钩状。钩端螺旋体为需氧菌，对培养基要求不高，可用含动物血清和蛋白胨的柯氏培养基、不含血清的半综合培养基等培养，新鲜灭活的家兔血清能中和培养过程中产生的抑制因子。培养适宜的温度为28～30℃，适宜的酸碱度为pH7.2～7.6。

钩端螺旋体对理化因素的抵抗力较强，耐低温，在中性水中可存活数月，在停滞的微碱性水和淤泥中可长期存活。潮湿是其存活的重要条件，在含水的泥土中可活6个月。但对干燥、热、酸、强碱、氯、肥皂水及普通消毒药均较敏感，很易被杀死，对土霉素、链霉素等也敏感。加热56℃10分钟即可被杀死，60℃只需10秒。在干燥的环境和直射日光下容易死亡。0.1%的各种酸类均可在数分钟将其杀死，70%酒精、2%盐酸、0.5%苯酚等，在5分钟内即可将其杀死。

【流行病学】本菌的动物宿主非常广泛，几乎所有的温血动物都可感染。其中啮齿目的鼠类是最重要的宿主，鼠类多呈隐性感染，是本病自然疫源的主体。银黑狐和北极狐对本病易感，水貂和貉有一定的抵抗力。本病不分年龄和性别，均易感，但以3～6月龄的幼兽最易感，发病率和死亡率也最高，成年兽较少。耐过本病的动物可获得对同型菌的免疫力，并对某些型菌有一定的交叉免疫力。病兽和带菌动物是本病的主要传染源。如各种啮齿动物，特别是鼠类带菌时间长，甚至终生带菌；家畜也是重要的传染来源，猪最为危险，因为猪感染钩端螺旋体症状轻微，多为隐性感染，长期带菌。患病及带菌动物主要经尿排菌，尿中菌体含量很大（病猪尿含菌量可达1亿个／毫升），被带菌尿污染的低湿地成为危险的疫源地。该病主要经消化道传播。当毛皮动物吞食了被污染的饲料和饮水，或直接食入患本病家畜的内脏器官而引起地方性流行。本菌可通过健康的特别是受损伤的皮肤、黏膜、生殖道感染。带菌的吸血昆虫，如蚊、虻、蝉、蝇等亦可传播本病。人、畜、鼠类的钩端螺旋体病可以相互传染。

钩端螺旋体几乎遍布世界各地，尤其是温暖潮湿的热带和亚热带地区的江河两岸、湖泊、沼泽、池塘、淤泥和水田等地更为严重。一般是单一血清型感染，但也有同时感染几个血清型的病例。本病一年四季均可发生，但以夏秋季节多发，而以6～9月份最多发，雨水多且吸血昆虫较多的季节为本病多发期。本病的特点为间隔一定的时间成群地暴发，但任何时候也不波及整个兽群，仅在个别年龄兽群中流行。多数毛皮动物轻微经过后产生坚强免疫，不再重复感染。

【临床症状】自然感染病例的潜伏期为2～12天，人工感染的潜伏期为2～4天。潜伏期的时间决定于动物机体全身状况、外界环境、病原体毒力及侵入途径。本病的临床表现复杂多样，动物种类不同、所感染钩端螺旋体的血清型不同，其临床表现也不尽相同。

1. 水貂钩端螺旋体病

（1）**波摩那型** 主要表现为精神沉郁，食欲减退或废绝，粪便黄稀，体温升高，心跳加快，多数病例饮水迅猛；有的病例呕吐，呼吸加快，反应迟钝，倦怠，两眼睁得不圆，隔居小室内，后躯不灵活，眼结膜苍白；口腔黏膜黄染，有的有坏死或溃疡灶；有的突然发病，看不到明显的临床症状就死亡。后期体温不高，贫血明显，可视黏膜黄染、不洁，表现出血性素质；严重的后肢瘫痪，尿湿，排出煤焦油样稀便，转归死亡。血液红细胞减少，血红素降低，血液稀薄色淡；有些病例白细胞增多，多数是中性粒细胞增多。

（2）**黄疸型** 除有黄疸症状外，其他症状与波摩那型病貂相似，但死亡率低。

2. 狐钩端螺旋体病 潜伏期2～12天，急性病例2～3天死亡，常呈地方性流行或散发。由于感染的菌型不同，症状也有差别。病初体温升高，饮水量增加，食欲减退，呕吐，不愿活动，两眼睁不圆，驱赶起来，弓腰弯背，被毛蓬乱，消瘦；有的排褐黄色尿液，个别的尿液呈淡粉黄色，腹泻；口腔黏膜贫血，微黄白色，有的口角污秽不洁，嗜睡于笼内；有的舌呈褐色，齿龈有坏死或溃疡。濒死期，背、颈和四肢肌肉痉挛，抽搐，流涎而死。

3.貉钩端螺旋体病　发病相对较少，其症状和狐相似。

【病理变化】急性经过病例的尸体肥度良好，皮肤、皮下组织、全身黏膜及浆膜发生不同程度的黄疸，各脏器充血、瘀血或有出血点，尤以肺脏为最明显；肝脏土黄色、肿大（图3-58）；大网膜、肠系膜黄染；肾脏肿大，有弥漫性出血点和出血斑；膀胱内有红黄色尿液，膀胱黏膜黄染；淋巴结肿大，尤其肠系膜淋巴结肿大；胃、肠黏膜水肿、出血，肠内容物呈柏油状。慢性病例尸体高度衰竭和贫血；个别病例轻度黄疸（图3-59），尸僵显著；肾脏有散在的灰白色病灶，粟粒至豆粒大；膀胱多充满茶色略带混浊的尿液。

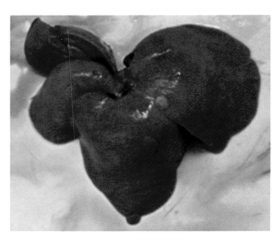

图3-58　患病动物肝脏呈土黄色

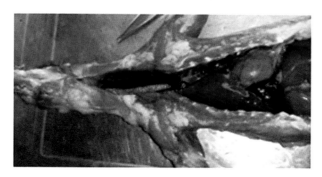

图3-59　患病水貂脂肪黄染

组织学检查可见肝、肾、肺内特征性变化。肝细胞颗粒变性、少量脂肪变性为特征的退行性变化，钩端螺旋体位于肝细胞之间。肾小管上皮发生退行性坏死变化，间质非化脓性肾炎及肾小球出血，钩端螺旋体位于肾小管管腔内、间质内及肾小管上皮之间。肺小叶间组织水肿，肺泡和支气管腔内伴有浆液性的渗出物，肺出血浸润，有些地方组织坏死。

【诊断】根据临床症状、剖检病变及流行病学等特点可作出初步诊断，确诊需进行实验室诊断。可采用病原学诊断、血清学诊断、动物接种试验及分子生物学诊断等方法进行诊断。

【防控】防控本病的措施应包括消除带菌排菌的各种动物（传染源）；消除和清理被污染的水源、污水、淤泥、牧地、饲料、场舍、用具等以防止传染和散播；实行预防接种和加强饲养管理，提高动物机体的抵抗力。另外，老鼠是钩端螺旋体的携带者，养殖场要格外重视灭鼠工作。

对患病动物进行隔离，积极治疗。早期大剂量应用抗生素，如青霉素、链霉素、金霉素、土霉素等都有效。但是本病在早期不易发现，一旦发现症状就是中、晚期，所以治疗效果一般不理想。轻症病例，可用青霉素或链霉素60万单位1天分3次肌内注射，连续治疗2～3天；重症的连续治疗5～7天。同时，配合维生素B_1和维生素C注射液各1～2毫升，分别肌内注射，1天1次。为了维护心脏功能，应给予强心剂；腹泻时可给予收敛药物；如有便秘，可投服缓泻药。此外，使用四环素、土霉素等也有一定的治疗作用。

（牛绪东　杨万郊）

十三、李氏杆菌病

李氏杆菌病是主要以败血症经过，伴有内脏器官和中枢神经系统病变为特征的急性细菌性传染病。不仅在家畜中流行，而且在毛皮动物中也常发生，常给毛皮动物饲养业带来很大的损失。

【病原】李氏杆菌为两端钝圆的平直或弯曲的小杆菌，不形成荚膜和芽孢，长1～2微米，宽0.2～0.4微米，多数情况下呈粗大棒状单独存在，或呈V形，或呈短链，具有一根鞭毛，能运动。易被苯胺染料着色，呈革兰氏阳性，但在老龄培养物上易脱色。

本菌为需氧或兼性厌氧菌，培养温度37℃，pH 7.0～7.2。在普通培养基上能生长，肝汤及肝汤琼脂上生长良好，呈圆形、光滑平坦、黏稠透明的菌落，折光观察呈乳白黄色。于血液琼脂上，呈B型溶血。在肉汤内微混浊，形成灰黄色颗粒沉淀。

李氏杆菌具有较强的抵抗力，对高温抵抗力比较强，100℃ 15 ~ 30分钟，70℃ 30分钟死亡。用琼脂培养物制成的菌液，在60 ~ 70℃ 5 ~ 10分钟，55℃ 1小时死亡。2.5%石炭酸溶液5分钟，2.5%氢氧化钠溶液20分钟，2.5%福尔马林溶液20分钟，75%酒精75分钟能杀死该菌。

【流行病学】本病感染范围很广，畜、禽、啮齿类和野生经济动物等都有不同程度的易感性。也是人兽共患的散发性传染病。各种动物表现不尽相同，啮齿类动物主要表现急性死亡，脑膜炎、坏死性肝炎和心肌炎，单核细胞增多。毛皮动物中，兔最易感，狐、貂、毛丝鼠、海狸鼠、犬、猫均有感染性。实验动物以豚鼠、大鼠和小鼠易感。但本病对鸽子无致病性。一般认为本病经消化道、呼吸道、眼结膜和创伤感染，饲料、饮水是主要传染媒介。

主要传染来源是患病动物与带菌动物。污染的饲料和饮水，以及直接饲喂携带李氏杆菌的畜、禽肉类饲料（副产品）等，都能使毛皮动物感染发病。另外，在饲养场内栖居的啮齿类动物和野鸟对本病的传播也起很大的作用。维生素缺乏、寄生虫病和其他致使机体抵抗力下降的不良因素，都是引发本病的诱因。本病没有明显的季节性，但春、夏季多发。

【临床症状】北极狐幼兽患病时精神沉郁、兴奋交替进行，食欲减退或拒食。兴奋时表现共济失调，后躯摇摆和后肢不全麻痹，咀嚼肌、颈部及枕部肌肉震颤，呈痉挛性收缩。颈部弯曲，有时向前伸展或向一侧或仰头。部分出现转圈运动，此时患病动物到处乱撞。患病动物采食饲料时，出现腭、颈的痉挛性收缩，从口中流出黏稠液体，常出现结膜炎、角膜炎、下痢和呕吐。在粪便中发现淡灰色黏液或血液。仔兽病程从出现症状起7～28天死亡。成年兽除有上述症状外，还伴有咳嗽、呼吸困难，呈腹式呼吸。有的病兽表现全身衰竭，常隐居于小室（产箱）内。有的出现脑炎症状。

妊娠水貂患李氏杆菌病时，出现突然拒食，共济失调，多卧于小室内，经6～10小时死亡。

【病理变化】死于李氏杆菌病的银狐有化脓性卡他性肺炎、急性卡他性胃肠炎，个别的表现出血性胃肠炎。脾脏肿大（图3-60），切面外翻。肾脏有特定的出血斑或出血点（图3-61）。膀胱黏膜也有出血点。

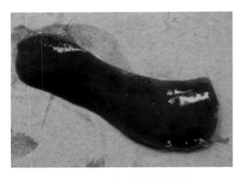

图3-60　患病动物脾脏肿大

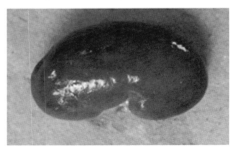

图3-61　患病动物肾脏有出血点

死于本病的北极狐心肌呈淡灰色，心外膜有出血点，心包内有纤维素凝块和淡黄色心包液。甲状腺增大、出血，呈黑褐色。肺瘀血、出血（图3-62）。肝脏充血、出血呈土黄色。胃黏膜有卡他性炎症。膀胱黏膜有出血点。脑血管充盈明显可见，脑实质软化、水肿，硬脑膜下有出血点。

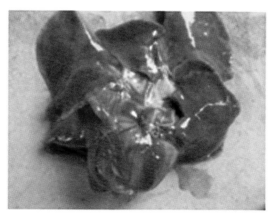

图3-62　患病动物肺瘀血、出血

病死水貂心外膜下有出血点。肝脏脂肪变性呈土黄色或暗黄红色，被膜下有出血点和出血斑。脾脏增大3～5倍，有出血点或出血斑。肠黏膜有卡他性炎症。脑软化、水肿。

【诊断】根据流行病学、临床症状、病理解剖变化和细菌学检查可以确诊。要注意与巴氏杆菌病和脑脊髓炎及犬瘟热相区别。

【防控】加强卫生防疫，特别是李氏杆菌也属条件性传染病，病原菌在土壤中丛生，所以在阴雨连绵的季节要加强防疫，改善饲料管理。国外已有李氏杆菌疫苗，国内目前尚无。本病目前尚无特效治疗方法。水貂可在改善饲料的基础上，用新霉素（每只为1万单位）混于饲料中，每日喂3次，可取得较好的治疗效果。据加拿大农业部畜牧局的报道，青霉素能有效地控制毛丝鼠的李氏杆菌病。

（牛绪东　杨万郊）

十四、布鲁氏菌病

布鲁氏菌病是由布鲁氏菌引起的一种人兽共患慢性传染病，也是一种自然疫源性疾病。在毛皮动物主要侵害母兽，使妊娠兽发生流产、产后不育及新生仔兽死亡。

【病原】布鲁氏菌为革兰氏阴性小杆菌，呈球状或短杆状，常散在，无鞭毛，不形成芽孢和荚膜，长1～2微米，宽0.5微米。用科兹洛夫斯基染色法染色，布鲁氏菌呈红色，其他细菌呈蓝色（或绿色）。布鲁氏菌分为6个种20个生物型，即马耳他布鲁氏菌、流产布鲁氏菌、猪布鲁氏菌、绵羊布鲁氏菌、犬布鲁氏菌和沙林鼠布鲁氏菌。习惯上把马耳他布鲁氏菌称为羊布鲁氏菌，把流产布鲁氏菌称为牛布鲁氏菌。各型菌形态上无任何区别，但致病力却不同。毛皮动物布鲁氏菌病是由羊型、猪型、牛型布鲁氏菌引起。

布鲁氏菌是需氧或微需氧菌，最适温度是37℃，最适pH为6.6～7.0。在血清肝汤琼脂上形成湿润、无色、圆形隆起、边缘整齐的小菌落；在土豆培养基上生长良好，长出黄色菌苔。

本菌对热抵抗力较弱，55℃2小时，65℃15分钟，70℃5分钟被杀死，煮沸可立即被杀死。对常用消毒药敏感，1%～2%苯酚、克辽林、来苏儿溶液，1小时内死亡；

1%～2%甲醛溶液，经3小时被杀死；5%生石灰乳，经2小时即可被杀死。但对低温抗力较强。在土壤和粪便中可存活数周至数月，水中可存活5～150天。

【流行病学】幼龄动物对本病有一定抵抗力，但随年龄增长这种抵抗力逐渐减弱，性成熟的动物最易感。患病病和带菌动物是该病主要的传染源。最危险的是受感染的妊娠母兽，在分娩和流产时，大量布鲁氏菌随着胎儿、胎水和胎衣排出，流产后的阴道分泌物中及乳汁中都含有布鲁氏菌。有时粪尿也可排菌。哺乳动物、爬行类、鱼类、两栖类、鸟类、啮齿类和昆虫等60多种动物对本菌均有不同程度的易感性，或带菌成为本菌的天然宿主，即自然疫源保菌者。该病主要经消化道传播，即食入被病原菌污染的饲料（动物的肉、乳及其副产品）和饮水而感染；其次是通过破损的皮肤和黏膜；患病雄性动物的精液中有大量病原菌存在，也可经交配引起感染；吸血昆虫（如蜱）可通过叮咬传播本病。

本病以产仔季节较为多见。动物一旦被感染，首先表现为患病妊娠母兽流产，多数只流产1次；流产高潮过后，流产可逐渐停止，虽表面看恢复了健康，但多数成为长期带菌者。除流产外，还可引起子宫炎、关节炎、睾丸炎等。本病在常发地区临床上多表现为慢性、隐性经过，在新发地区一般呈急性经过。

【临床症状与病理变化】潜伏期长短不一，短的2周，长的可达半年。大多数呈隐性感染，少数表现出全身症状。银黑狐、北极狐主要表现为母狐流产、死胎和产后不育。病期食欲下降，有的出现化脓性结膜炎，经1～1.5周不治而愈。水貂布鲁氏菌病在静止期不表现显著临床变化，产仔期空怀率增高，流产，新生仔兽在最初几天易死亡。

剖检内脏器官无特征性变化。脾脏呈暗红色、肿胀；淋巴结肿大，切面多汁；其他脏器无明显变化。妊娠中后期死亡的母兽，子宫内膜有炎症，或有糜烂的胎儿（图3-63），外阴部有恶露附着。

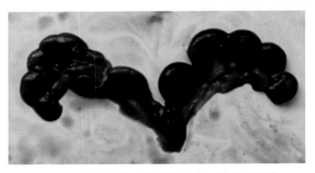

图3-63　妊娠中期死亡母兽子宫，胎儿已腐败

【诊断】根据流行病学和临床症状可作出初步诊断。确诊需进行细菌学及血清学检查。此外，也可应用全乳环状试验、变态反应、荧光抗体试验和病原分离方法进行诊断。

【防控】平时主要应加强肉类饲料的管理，对可疑的肉类及下脚料（牛、羊）要进行高温处理，特别是用羔羊类的尸体作饲料的一定要注意人与动物的安全。引入种兽时，布鲁氏菌凝集试验阴性者方可引入，并应隔离观察1个月，在1个月内3次检疫均为阴性者才能解除隔离。本病能传染给人，故应特别注意。污染兽场应通过定期检疫可疑兽群，扑杀阳性个体达到消除疾病目的。同时对病兽污染的笼子可用1%～3%苯酚或来苏儿溶液消毒。用5%新石灰乳处理地面。工作服用2%苏打溶液煮沸或用1%氯亚明溶液浸泡3小时。

布鲁氏菌病对链霉素、庆大霉素、卡那霉素、土霉素、金霉素、四环素敏感。但对青霉素不敏感，对患病动物可应用上述抗生素药物进行治疗。没有治疗价值的，隔离饲养到取皮期，淘汰取皮。

（牛绪东　杨万郊）

第三节　寄生虫病

一、弓形虫病

【病原】弓形虫是细胞内寄生虫，为弓形虫属的刚地弓形虫（图3-64至图3-67）；寄生于包括毛皮动物在内的多种动物有核细胞内。弓形虫可感染200种以上动物，对猪可引起大批急性死亡，对绵羊往往导致流产，对人也可引起流产和先天性畸形。本病流行甚广，给人、畜及毛皮动物的健康和养殖业的发展带来很大的威胁。

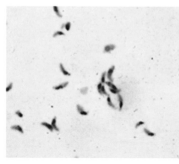
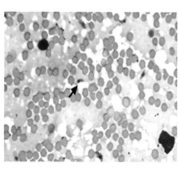

图3-64　腹水中的弓形虫滋养体　　图3-65　血液中的弓形虫滋养体

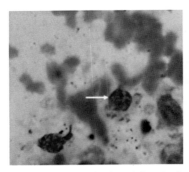
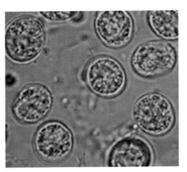

图3-66　弓形虫假囊 （淋巴细胞
　　　　　胞浆）

图3-67　弓形虫虫卵

【生活史】弓形虫根据其不同发育阶段而有不同的形态（图3-68）。在终末宿主体内为裂殖体、裂殖子和卵囊，在中间宿主体内为速殖子和缓殖子。猫食入弓形虫孢子化卵囊或包囊后，子孢子钻入小肠上皮细胞，经2～3代裂殖

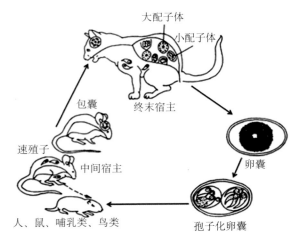

图3-68　弓形虫生活史

生殖，最后形成卵囊，随粪便排出，在体外进行孢子生殖。潜隐期为2～41天。中间宿主吞食孢子化卵囊、速殖子、缓殖子或包囊而感染，也可先天性经胎盘感染。

【流行特点】狐、水貂、貉等毛皮动物因食入被猫类粪便污染的食物或含有弓形虫速殖子或包囊的中间宿主的肉、内脏、渗出物、分泌物和乳汁而被感染。速殖子还可以通过皮肤、黏膜而感染，也可通过胎盘感染胎儿。本病没有严格的季节性，但以秋、冬季节和早春发病率最高，可能与寒冷、妊娠等导致动物机体抵抗力下降有关。

【临床症状】狐感染潜伏期一般为7～10天，也有的长达数月。急性经过的2～4周死亡；慢性经过的可持续数月转为带虫免疫状态。食欲减退或废绝，呼吸困难，由鼻孔及眼内流出黏液，腹泻带血，肢体麻痹或不全麻痹，骨骼肌痉挛，心率失常，体温高达41～42℃，呕吐，似犬瘟热。死前表现兴奋，在笼内旋转惨叫。妊娠狐可发生流产、胎儿被吸收、妊娠中断、死胎或难产等。水貂患病急性期表现不安，眼球突出，急速奔跑，反复出入小室（产箱），尾向背伸展，有的上下颌动作不协调，采食缓慢、困难。不在固定地点排便，发生结膜炎、鼻炎，常抽搐、倒地；沉郁型患病动物精神不振、拒食、运动失调、呼吸困难，有的病貂呆立，用鼻子支在笼壁上，驱赶时旋转，打转转，搔扒笼具，并失去方向性。

【诊断】依据流行病学、临床症状、病理变化等综合判定后，还必须依靠实验室检查，方能确诊。将病兽或死亡动物的组织或体液涂片、压片或切片，甲醇固定后，进行瑞氏或姬氏染色镜检，可找到弓形虫滋养体或包囊。

【防控】加强饲养管理，动物性饲料一定要煮熟再喂，毛皮动物饲养场内禁止饲养猫，同时严禁野猫进入养殖场。对患病动物应进行积极治疗，磺胺六甲氧＋二甲氧苄氨嘧啶30～70毫克/千克，每日1次，肌内注射3～5天；磺胺嘧啶70毫克/千克＋二甲氧苄氨嘧啶10毫克/千克，每日1次，口服，连用3～5天。磺胺甲氧吡嗪30毫克/千克，每日1次，用药3日。重症患病动物应对症治疗，如退热、大输液，并用抗生素防止继发感染。病情控制后应继续治疗1～2天。

（王方昆）

二、蛔虫病

【病原】蛔虫是一种肠道寄生虫。呈淡黄色，头端有3片唇，体侧有狭长的颈翼膜。雄虫长50～110毫米，尾端弯曲；雌虫长90～180毫米，尾端直。蛔虫病是狐狸等毛皮动物常见的一种线虫病，主要感染幼龄兽。

【生活史】蛔虫卵随粪便排出体外，在适宜条件下发育为感染性虫卵，仔兽吞食了感染的虫卵后，在肠内孵出幼虫，幼虫钻入肠壁，经血液到达肝脏，再随血液到肺脏，幼虫经肺泡、细支气管、支气管，再经喉头被吞咽入胃，到达小肠进一步发育为成虫。

年龄大的动物吞食了感染性虫卵后，幼虫随血液到达身体各部位组织器官中，形成包囊，幼虫保持活力但不进一步发育；体内含有包囊的母兽怀孕后，幼虫被激活，通过胎盘移行到胎儿肝脏而引起胎内感染。胎儿出生后，幼虫移行到肺脏，然后再移行到胃肠道发育为成虫。在仔兽出生后23～40天，体内已出现成熟的蛔虫。新生仔兽也可通过吮吸初乳而引起感染，之后幼虫在小肠中直接发育为成虫。

【流行特点】蛔虫病的流行十分广泛，呈世界性分布，仔兽最易感。毛皮动物感染蛔虫主要是由于采食了被感染性虫卵污染的饲料、饮水或母畜的乳头沾染虫卵后，幼畜吮乳时受到感染。

饲养管理不善、卫生条件差、营养缺乏、饲料中缺少维生素和矿物质、圈舍过于拥挤时发病更为严重。该病由于死亡率低，往往容易被养殖户忽视，这是造成本病广泛流行的原因之一，也是增加养殖成本、降低经济效益的重要原因。

【临床症状】蛔虫病有一定的潜伏期，在发病初期很少表现出症状，也很少引起动物死亡。典型症状是患病幼兽消瘦、可视黏膜苍白、贫血、消化不良、异嗜、被毛蓬乱、生长慢，有时呕吐物或粪便中可见虫体（图3-69和图3-70）。

图3-69　患病狐狸胃内有大量的蛔虫　　图3-70　患病狐狸空肠内有大量的蛔虫

【诊断】根据临床症状作出疑似初步诊断；从粪便、剖检中发现虫体或者对粪便进行实验室寄生虫检验，发现虫卵即可确诊。

【防控】加强饲养管理，定期驱虫。对患病动物进行积极治疗，丙硫苯咪唑按每千克体重50毫克，每日1次；阿维菌素每千克体重0.3毫克拌料饲喂；也可用1%阿维菌素注射液按每千克体重0.03毫升，皮下注射。

（王方昆）

三、螨虫病

【病原】螨病是由疥螨科和痒螨科所属的螨（图3-71至图3-73）寄生于毛皮动物的体表或表皮下所引起的慢性寄生性皮肤病，多为接触性传染。疥螨或者痒螨能钻进狐、貉、水貂等毛皮动物的皮下产卵并大量繁衍，导致皮肤寄生虫病

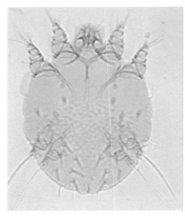

图3-71 疥 螨

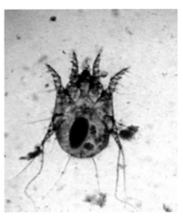

图3-72 痒 螨

图3-73　痒　螨

发生。螨的生活史分为卵、幼虫、前若虫、后若虫和成虫5个期。螨寄生在机体皮肤表皮角质层间，啮食角质组织，并以其螯肢和足跗节末端的爪在皮下开凿一条与体表平行而迂曲的隧道，雌虫就在此隧道产卵。

【流行特点】温暖潮湿的季节，苍蝇大量繁殖，四处飞爬，可直接将外界的螨虫带到狐、貉和水貂等毛皮动物身体上。毛皮动物的粪便没有及时清扫，堆积在笼网上，苍蝇将螨虫带到狐、貉、水貂常躺卧的笼网的粪堆上而将螨虫传播到动物身上。将患螨虫病的动物和健康动物混在一起运输、混养或配种过程相互接触而感染。患螨虫病的狐、貉、水貂所使用过的运输笼、食碗、水盆、清扫用具、工作服、手套等被污染，均可作为传染源将螨虫带到健康毛皮动物身上。用患螨虫病老鼠污染的草作毛皮动物垫草也有可能感染本病。

【临床症状】当疥螨稚虫或成熟雌虫落到狐、貉、水貂等毛皮动物身上后，即爬到皮肤上咬破上皮，钻到上皮层下挖凿通道，雌虫沿通道产卵，在挖通道和产卵过程中往往刺激动物皮下神经末梢，产生剧烈痒感，狐、貉、水貂就用爪挠抓皮肤和被毛，使皮肤损伤、流出污血及分泌物，产生结痂，甚至被致病菌感染而发炎、溃疡。被毛抓掉而形成的秃斑，将严重影响毛皮的质量。

（1）**疥螨病**　剧痒为本病的主要症状且贯穿于整个疾病中，一般先发生在脚掌部皮肤，后逐渐蔓延到飞节及肘部，然后扩散到头、尾、颈及胸腹内侧，最后发展为泛化型。感染越重，痒觉越强烈。患病水貂、狐、貉进入温暖小室或经运动后，痒觉更加剧烈，患病动物不停地啃舐，以前爪搔抓，不断向周围物体摩擦，从而加剧患部炎症，同时也向周围散布大量病原。水貂、狐、貉由于身体皮肤广泛被侵害，食欲丧失，有时发生中毒死亡，但多数病例经治疗，预后良好。

（2）**耳痒螨**　初期局部皮肤发炎，有轻度痒觉。患病水貂、狐、貉时而摇头，或以耳壳摩擦地面、小室、笼网，并以脚爪搔抓患部，引起外耳道皮肤发红、肿胀，形成炎性水疱，并有浆液渗出。渗出液黏附耳壳下缘被毛，干涸后形成痂，厚厚地嵌于耳道内，如纸卷样，堵塞耳道。有时耳痒螨钻入内耳，损伤骨膜，造成骨膜穿孔，此时病狐、貉食欲下降，头呈90°～120°转向病耳一侧。严重病例，可能延至筛骨及脑部，则出现痉挛或癫痫症状。

【诊断】根据痒、掉毛、具有传染性的特点初步诊断为螨虫病。用手术刀片刮少许结痂物，置洁净玻璃皿内，用10%氢氧化钠溶液浸泡15分钟，蘸取1滴悬浊液置于载玻片上，显微镜下观察。放大40倍可看到螨虫，放大100倍可清楚地看到螨虫的外形结构。

【防控】剪毛去痂，为使药物能和虫体充分接触，将患部及其周围3～4厘米处的被毛剪去，将被毛和皮屑收集于污物桶内焚烧或用杀螨药浸泡，用温肥皂水冲刷硬痂和污物。患病动物一般用0.1%的伊维菌素按照每千克体重0.3毫升剂量肌内注射，每7日1次，连用3次。对未表现出症状的动物用0.1%的伊维菌素按照每千克体重0.3毫升的剂量进行全群预防性注射。同时用菊酯类杀虫剂对患病动物所在笼舍和周围环境进行彻底消毒。被螨虫污染的笼舍消毒后，停止使用，在太阳下暴晒后，来年再用。

（王方昆）

四、虱病

【病原】虱子是寄生在人和动物体表的一种寄生虫。寄生于家畜的虱类有约13种，可分为血虱科和毛虱科。

吸血虱（图3-74），雄虱长1.5毫米、雌虱长2毫米，虫

图3-74　血　虱

体呈淡黄色，头窄胸宽，呈圆锥状，触角短，一般由5节组成，眼退化，口器为刺吸式。在胸部有3对粗短的足，其末端有一强大的爪，腹部有11节，第1、第2节多消失。雌虱大于雄虱。雄虱末端呈圆形，雌虱末端则分叉。吸血虱终生离不开狐体，其生活史包括卵、稚虱和成虱3个阶段。雌虱在狐的被毛上产卵，经9～20天孵化为稚虱，稚虱经3次蜕化后发育为成虱。从卵发育为成虱需30～40天。

毛虱（图3-75），雄虫长约1.74毫米、雌虫长1.92毫米，呈淡黄色，有褐色斑纹，体扁平，头大呈四角形，宽

于胸部；触角1对，分3节；口器属于咀嚼式，腹部宽于胸部；雄虱尾钝圆，雌虱尾端分叉。毛虱一生均在狐体上度过，雌虱在狐体被毛上产卵，经7～10天孵化为稚虱，稚虱经3次蜕化后变为成虱；成熟的雌虱一般活30天左右。离开狐体的毛虱，在外界只能生存2～3天。毛虱主要靠接触传播。

图3-75　毛　虱

【流行特点】虱可通过直接接触和间接接触而传播，饲养笼、垫料等常为虱传播的工具。

【诊断】吸血虱在吸血时，能分泌有毒素的唾液，刺激狐的神经末梢，产生奇痒致使病狐不得安宁，造成局部发炎、掉毛、脱皮屑，影响病兽的健康，使之消瘦。幼兽发育不良，由于被毛缺损不能取皮，造成一定的经济损失。毛虱主要靠狐毛和表皮鳞片（屑）为食，患狐瘙痒，不停地在笼内擦痒，并用爪抓挠患部，引起继发性皮炎、湿疹、水疱、脓疱等细菌感染，致使患部皮肉损伤，造成针毛绒毛断脱、掉毛；重者除局部被毛缺损外，病狐食欲不振，营养不良，导致当年不能取皮，造成经济损失。

仔细检查病兽被毛，见有类似牛、羊毛虱样的虫体（淡黄色，似皮屑样）后，置显微镜下观察虫体形态特征。本病一年四季都发生，但主要发生于秋、冬两季。此时狐体绒毛厚密，体表温度较高，极适宜毛虱的生存繁殖。所以，一定要注意狐群有无擦痒现象，以便及时治疗。

【治疗】将0.5%蝇毒磷药粉（20%蝇毒磷乳粉25克+975克白陶土配制）装入纱布袋里，拨开毛绒，向毛丛根部撒布，1周后重复用药1次，一般即可治愈。对已脱毛的患部，可在室温下采用喷雾法治疗，方法是用25%溴氰菊酯液，按250倍稀释后，喷洒在虫体寄生部位，1小时内可使虫体全部死亡；也可用0.5%～1%敌百虫水药浴或12.5%溴氰菊酯水药浴。

（王方昆）

五、蚤病

【病原】蚤，俗名跳蚤（图3-76），善跳跃的小型寄生性昆虫，成虫通常寄生在哺乳类动物身上。属蚤目蠕形蚤科或蚤科。毛皮动物特别是低洼潮湿的沿海地区和沿湖地区饲养的水貂、狐及其他毛皮动物都会受到跳蚤的侵袭。寄生于毛皮动物体表的蚤主要是犬节头蚤，但在水貂身上发现一种特殊的蚤，称为水貂蚤。蚤是一种小型、无翅的吸血昆虫，身体扁狭，棕褐色，体外有较厚的角质外骨骼，全身各处都有较多的鬃毛和刺；头小，三角形，与胸部紧密相连；触角短而粗，平卧于触角沟内；口刺易于穿孔

图3-76　皮毛间的跳蚤

和吸血；胸部小，有3个可以活动的节；后腿大而粗，善于跳跃；腹部大，有10个节，前7节清晰可见，后3节变为外生殖器官。

【流行特点】吸血后，雌虫腹部体积显著变大。为完全变态发育。成虫侵袭动物，其他发育阶段在地面完成。通过接触感染，多见于秋末冬初，呈地方性流行。蚤在严寒的冬季生活在宿主体表，隐藏在毛间，在气候寒冷、营养较差的情况下，尤易发病，损失很大。

【诊断】临床上可见由于跳蚤的骚扰而引起的瘙痒。蚤在皮肤上爬行、刺咬、吸血，会引起动物皮肤发痒、脱毛、消瘦、贫血、水肿，最后可衰竭死亡。但主要是蚤的叮咬所引起的皮肤过敏反应。动物常用脚爪搔扒被侵害的部位，使被毛遭到损伤，体况消瘦，严重者可出现贫血和营养不良。

可用一张浸湿的白纸放于兽体下，捋毛皮兽的被毛，收集皮屑于纸上，蚤的血性排泄物可以迅速在纸上产生血迹。动物体喷杀虫剂后，收集的皮屑可见到死亡的蚤，多数蚤来源于猫。

【治疗】各种杀虫剂对蚤均有效，可参照毛虱病的治疗方法进行治疗。较重的皮肤瘙痒和炎症反应，可局部或全身使用皮质激素，以减轻炎症反应。①将0.5%蝇毒磷药粉装入纱布袋里，拨开毛绒，向毛根部撒布，1周后重复用药1次；②在室温条件下，用25%溴氰菊酯溶液按250～300倍稀释后，喷洒在蚤寄生部位，1小时内可杀死虫体。要注意杀虫药的用量，不要过多，以免中毒。在用药的同时，小室（产箱）要消毒，垫草要更换掉。

（王方昆）

六、肾膨结线虫病

肾膨结线虫属膨结科线虫，是一种大型寄生线虫，寄生于犬、水貂、狼、狐、黄鼬褐家鼠等20多种动物的肾脏及腹腔内，故称为肾虫病。

【病原与生活史】肾膨结线虫虫体比较长，呈暗红色，两端略细，圆条状，体壁有4条发达的纵行肌。雄虫长14～40厘米、粗0.3～0.4厘米；雌虫长20～60厘米、粗0.5～1.2厘米。口周围有2个环状乳突，每环6个乳突。雄虫尾端有1个钟形交合伞，交合伞无幅肋，有1根简单的交合刺，长5～6毫米。雌虫尾部钝圆，虫卵圆锥形，被有粗厚的卵膜，卵膜表面有压迹，卵长64～83微米、宽40～47微米。寄生在肾脏或腹腔的雌虫，性成熟后雌雄交配，其卵随尿液排出于水（或土壤）中，被第1中间宿主蛭蚓科的脚首住蟹蛭吞食后，在体内经过2个时期的发育成为幼虫，并形成包囊，被第2中间宿主淡水鱼类（鲤、鲫、泥鳅等）吞食后发育成感染蚴。水貂、狐、貉等肉食动物因生食感染肾膨结线虫蚴的鱼类饲料而患本病。经消化道移行到肾脏或腹腔，发育成第3、第4期幼虫，最后变成成虫。

【流行特点】由于本虫的虫卵抵抗力强，适应我国南北方的生态环境差异，加上我国南北方人群的饮食习惯日趋相同，因此肾膨结线虫感染在我国呈现南北散在分布的地理特点。动物体内的肾膨结线虫一般虫体较大，雌虫体长23～110厘米，雄虫体长16～49厘米。人体可能是本虫的非适宜终宿主，故寄生于人体的虫体发育差、个体小。

【诊断】多寄生于右侧腹腔。虫体移行的机械刺激及分泌的毒素可致肾脏和腹腔浆膜发炎，脏器粘连，大网膜纤维素沉着，肝脏受损；患侧肾脏混浊、呈灰白色、质硬，有的穿孔或缺损，切面有钙化灶；肾盂内有脓样的混浊液体。有的可见到虫体穿入肾组织中，膀胱内有血尿。患兽消瘦，贫血，可视黏膜苍白，食欲不佳，消化紊乱，呕吐，血尿等。生前诊断比较困难，可以检查尿中有无虫卵。根据动物的临床表现和平日的饲料来源及组成，特别是以淡水鱼类为主的饲养场，应引起注意，尿检发现虫卵，死后解剖发现虫体，可以确诊兽群中有本病存在。

【治疗】本病尚无好的治疗方法，可以用阿苯达唑、噻嘧啶或伊维菌素治疗。勿饲喂生的或未煮熟的鱼、蛙、生水和生菜，以预防本病。

（王方昆）

第四章

普 通 病

第一节 中毒性疾病

一、肉毒梭菌毒素中毒症

肉毒梭菌中毒症是由于摄入含有肉毒梭菌毒素的食物或饲料而引起的人和多种动物的一种急性中毒性疾病，以运动神经麻痹为主要临床特征。

【病原】肉毒梭菌为梭菌属的成员，为腐物寄生型专性厌氧菌，在适宜条件下可产生一种蛋白神经毒素——肉毒梭菌毒素，是迄今所知毒力最强的毒素。对人的最小致死量为 10^{-4} 毫克，1毫克纯毒素能致死 4×10^{12} 只小鼠。根据毒素性质和抗原性不同，将本菌分为A、B、Cα、Cβ、D、E、F、G 8个型。肉毒梭菌毒素对胃酸和消化酶都有很强的抵抗力，在消化道内不会被破坏，其中C、D、E、F型毒素被蛋白酶激活后才显示出毒性。此外，毒素能耐pH 3.6～8.5，在动物尸体、骨头、青贮饲料和发霉饲料及发霉的青干草中，毒素能保存数月。

【流行病学】肉毒梭菌芽孢广泛存在于自然界，土壤是其自然居留场所，常存在于动物肠道内容物、粪便、腐败尸体、腐败饲料及各种植物中。自然发病主要是由于摄食了含有毒素的食物或饲料引起。患病动物（人）一般不能将疾病传给健康者，即患病动物作为传染源的意义不大。食入肉毒梭菌也可在体内增殖并产生毒素而引起中毒。

在畜禽中以鸭、鸡、牛、马较多见，绵羊、山羊次之，猪、犬、猫少见。兔、豚鼠和小鼠都易感。貂也有很高的易感性。

本病有明显的地域分布特征，同时也与土壤类型和季节等有关。在温带地区，肉毒梭菌发生于温暖的季节，因为在22～37℃时，饲料中的肉毒梭菌才能大量地产生毒素。饲料中毒时，因毒素分布不匀，所以不是吃了同批饲料的所有动物都会发病，在同等情况下，以膘肥体壮、食欲良好的动物发生较多。

【临床症状】本病的潜伏期随动物种类和摄入毒素量等的不同而不同，一般多为4～20小时，长的可达数日。患病动物表现为神经麻痹，从头部开始迅速向后发展，直至四肢，表肌肉无力和麻痹，不能咀嚼和吞咽，垂舌，流涎，下颌下垂，眼半闭，瞳孔散大，对外界刺激无反应，不能站立（图4-1）。波及四肢时，共济失调，以至卧地不起，头部弯于一侧。肠音废绝，粪便秘结，有腹痛症状。呼吸极度困难，直至呼吸麻痹死亡。死前体温、意识正常。严重的数小时死亡，病死率达70%～100%（图4-2）；轻者尚可恢复。

【发病机制与病变】肉毒梭菌毒素主要作用于神经肌肉接头点，阻止胆碱能神经末梢释放乙酰胆碱，从而阻断神经冲动传导，导致运动神经麻痹。毒素还损害中枢神经系统的运动中枢，致使呼吸肌麻痹，动物窒息死亡。剖检无特殊的病理变化，所有器官充血，肺水肿，膀胱内可能充满尿液。

图4-1　肉毒梭菌毒素中毒狐狸四肢无力、不能站立

图4-2　肉毒梭菌毒素中毒死亡的水貂

【诊断】依据特征性症状，结合发病原因进行分析，可作出初诊。确诊需采集病兽胃肠内容物和可疑饲料，经处理后进行动物试验。

【防控】加强卫生管理和注意卫生，尤其是各种肉类饲料等，禁喂腐败饲料。发病时，应查明和清除毒素来源，患病动物的粪便内含有多量肉毒梭菌及其毒素，要及时清除。积极治疗，在早期可注射多价抗毒素血清，毒型确定后可用同型抗毒素，在摄入毒素后12小时内均有中和毒素的作用。

（谢之景）

二、霉菌毒素中毒

黄曲霉毒素，是由于玉米、花生粕等谷物性饲料被雨淋后或者储存不当受潮，导致黄曲霉滋生、而产生的有毒物质。特别是在玉米丰收的季节下雨较多，气温高，湿度较大时，玉米黄曲霉毒素最易产生，此时期多发生黄曲霉毒素中毒，患病动物以消化功能紊乱、运动神经障碍、皮下发黄、脂肪变性、胃肠道出血为主要临床特征。

【临床症状】临床症状与黄曲霉毒素摄入量有关，成年貂长期食用少量含黄曲霉毒素的玉米会引起慢性中毒，幼兽表现症状较重，怀孕期母兽会引起流产。开始症状较轻，渐进性发病，食欲逐渐减退，精神沉郁，行动迟缓，逐渐消瘦，体温正常，临近死亡时体温降低。严重的可见尿湿，后肢神经麻痹或者四肢麻痹，间歇性腹泻，有的粪便呈现黑色煤焦油样，有的腹部膨大、内有大量腹水。急性病例主要表现食欲废绝，急性腹泻，黄尿，后肢瘫痪，1～3天死亡。

【病理变化】病死貂血液凝固不良，皮下脂肪黄染，有的眼结膜发黄，肝脏肿大、呈金黄色（图4-3），胃内有煤焦油样内容物（图4-4），胃肠黏膜出血（图4-5），肠系膜淋巴结水肿，心包积液，腹腔积液，肺脏有的片状出血或正常，肾脏发黄。

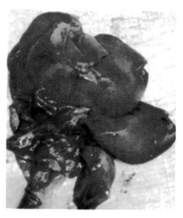

图4-3　肝脏肿大、呈金黄色

图4-4　胃内有煤焦油样内容物

图4-5　肠黏膜出血

【防控】黄曲霉毒素中毒无特效治疗方法。加强日常饲养管理，禁止使用含有霉菌毒素的饲料。养殖场选择玉米时，挑选没有霉变颗粒的玉米，表面正常的也需要碾碎检查中间是否霉变，如果霉变则不能使用。购买膨化玉米或者玉米粉时，需要到正规有检测能力的饲料经销处购买，有条件的也可以进行霉菌毒素的检测。定期在饲料中添加脱霉剂。

若发生疾病，应积极采取措施处理。立即停止使用含有黄曲霉毒素的玉米饲料，给予少量鱼、蔬菜等容易消化的饲料，防止肝脏负担较重。可在饲料中添加脱霉剂、亚硒维生素E、氯化胆碱、牛磺酸、葡萄糖、维生素C、复合维生素B、多种氨基酸等，提高动物机体抵抗力。

(惠涌泉)

三、亚硝酸盐中毒

动物亚硝酸盐中毒，主要是因为饲料中含亚硝酸盐且贮存或混合得不够好，或动物采食后在胃内产生大量亚硝酸盐，结果使血红蛋白中的铁变成高价铁，造成组织缺氧而引起的中毒。其临床特点是突然发病，黏膜发紫，血液变成褐色，呼吸困难，神经紊乱，发病经过短而急。

【临床症状】水貂或狐亚硝酸盐中毒，通常在采食后10～30分钟内突然发生。患兽表现突然死亡，死前常出现流涎、腹痛、腹泻、剧烈呕吐及喝水量大增，呈现缺氧症，口吐白沫，呼吸困难，心脏衰弱，肌肉颤抖，四肢无力，步态摇晃，一会卧，一会起，或在原地打转，走路时步态不稳，可视黏膜呈现蓝紫色，皮肤苍白。死前还有阵发性惊厥，蹦跳而死。有的瞳孔扩大，卧地不起，在地上爬行。急性中毒的水貂常在数十分钟到12小时内死亡，慢性中毒的病程是3～4天，有的死亡，有的自愈。

【病理变化】血液呈黑色或咖啡色，似酱油色或咖啡色，凝固不良（图4-6），肺气肿、充血。胃内充满未消化的饲料，并有大量气体，散发酸臭味。胃肠黏膜充血，尤其小肠黏膜出血严重、易脱落。心脏外膜和气管出现点状出血或出血斑（图4-7）。全身血管扩张，肝瘀血、肿大（图4-8）。

图4-6　血液凝固不良

图4-7 心脏外膜有出血斑

图4-8 肝脏瘀血、肿大

【诊断】用棉签蘸取病狐口腔、鼻腔分泌物，分别加100克/升联苯胺溶液2滴，再加100毫升/升醋酸液2滴，棉签变成棕红色，而生理盐水对照棉签无变化。取病死狐胃肠内容物和狐未吃完的剩余饲料各5克，放于小烧杯内，加适量生理盐水，再分别加上述2种试剂，亦呈现棕红色。根据狐群病史、临床表现、剖检变化及实验室检验可确诊。

【防控】饲料要保证新鲜，禁止饲喂腐败变质的饲料。当发生中毒时，应立即停止使用已喂饲料，给予发病狐1克/升高锰酸钾溶液，让其自由饮服；给出现临床症状的狐静脉注射美蓝注射液，5小时后再注射1次；对重症狐静脉注射葡萄糖注射液和维生素C注射液。

（惠涌泉）

四、食盐中毒

食盐是毛皮动物不可缺少的一种矿物质，在日粮中添加适量的食盐，可增进动物的食欲，促进消化，保证机体水盐代谢平衡，使毛皮动物皮毛光亮。但日粮中食盐添加过多或调制不当，动物食入过多食盐，则会发生中毒，甚至死亡。因此在毛皮动物饲养过程中一定要注意食盐的添加量及使用方法，以免造成不必要的经济损失。

【临床症状】食盐中毒的动物表现口渴、呕吐、流涎、呼吸急促、瞳孔扩散、全身无力、可视黏膜呈紫色，伴有腹泻发生，症状严重的呕吐带血丝的泡沫；也有的表现为高度兴奋、运动失调、发出嘶哑的尖叫声、尾根翘起、下痢不止、排尿失禁、体温下降；有的表现为四肢痉挛，呈昏迷症状，然后死亡。

【病理变化】病死动物口腔内有少量的食物及黏液。肝脏肿大，呈黑褐色。胃黏膜充血、出血，有的出现溃疡。

胃、肠浆膜层水肿（图4-9），内容物为黑褐色。严重的出现肾水肿，覆膜下有淡黄色液体，肾呈暗红色、有出血点（图4-10）。脑脊髓呈现不同程度充血、水肿（图4-11），特别是脑膜和大脑皮质最明显，脑灰质软化。肠系膜淋巴结充血、出血。心内膜有小出血点。肌肉暗红色、干燥。

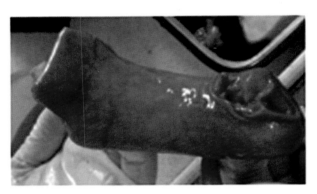

图4-9　胃浆膜水肿

图4-10　肾脏出血

图4-11　脑膜水肿

【防控】在养殖过程中，应严格控制食盐的添加量，并且饲料应搅拌均匀，平时要供应充足的饮水。应注意检查所用的饲料原料是否有含盐量较高的原料，如鱼粉，谨防重复添加而造成浪费甚至导致中毒。

发现食盐中毒后，饲料中应当停止添加食盐，添加3%～5%的葡萄糖和每只50～100毫克的维生素C混合饮水，实行间隔性多次饮水。不能无限制地饮水，否则可导致水中毒现象，从而导致病兽数量增加，继续造成死亡。发病严重不能主动饮水的病兽，可以用注射器强制给水或腹腔注射5%葡萄糖。为了维持心脏机能，可注射强心剂，皮下注射10%的樟脑磺酸钠0.2～0.5毫升/只，或者注射维生素C 0.5～1毫升/只。

（惠涌泉）

五、有机磷农药中毒

有机磷杀虫剂品种繁多并不断更新，是防治植物病虫害的常用药剂。多年来，各国虽致力于研制和生产药效高、残毒期短并对人兽毒性低的有机磷制剂，但由此而引起人及动物的急性或慢性中毒事故，仍不断出现。有机磷农药的应用很广，所以引起中毒的药物种类也很多。

【病因】有机磷杀虫剂是一类毒性较强的接触性农药，引起动物中毒的主要途径是经由消化道，少数病例是经过皮肤吸收或经呼吸道中毒。1967年，辽宁省某农场银狐和水貂中毒，就是由于饲料加工车间用敌敌畏喷雾灭蝇，污染了室内饲料加工用具，从而造成大批水貂死亡和中毒。吉林省松花湖某貂场，因为附近林场熏灭松毛虫而引起水貂中毒。误食拌过或浸过有机磷杀虫剂的种子，也能引起水貂中毒。水源被有机磷杀虫剂污染而引起中毒。违反使用、保管有机磷杀虫剂的安全操作规程，如在同一库房保存农药和饲料，或在饲料库内配制农药、拌种等，而引起中毒。

【毒理】有机磷杀虫剂是接触性剧毒农药之一，它不仅可以经由消化道、呼吸道吸收，而且还可以经皮肤吸收而引发中毒。有机磷杀虫剂一经吸收后，便经由血液和淋巴系统迅速分布到全身各个器官、组织，抑制胆碱酯酶的活性，使其丧失水解乙酰胆碱的能力，以致在神经末梢部位释放传递神经冲动作用的乙酰胆碱发生蓄积，引起组织器官的功能异常，因而出现一系列中毒症状。有机磷杀虫剂，除表现出抑制胆碱酯酶的共同性质外，尚对三磷酸腺苷酶、胰蛋白酶、胰凝乳酶等也具有抑制作用，导致症状复杂，加重病理变化，病期延长。

【临床症状】由于有机磷的化学性质、动物种类和具体的中毒条件等因素的不同，中毒动物呈现的症状及其程度差异很大。但最主要的是由乙酰胆碱过量蓄积，刺激胆碱能纤维（包括交感、副交感神经的结前纤维，全部副交感神经结后纤维，如支配汗腺分泌等的交感神经纤维和运动神经），引起相应器官生理功能的改变，出现食欲不好，流涎，易出汗，疝痛、呕吐、腹泻、尿失禁、瞳孔缩小，可视黏膜苍白，支气管腺分泌增加，导致呼吸迫促，甚至呼吸困难。严重者可伴发肺水肿，肌肉震颤、松弛无力，脉搏加快，兴奋不安，体温升高、抽搐，呈现昏睡状态。

银黑狐、北极狐急性中毒时，呼吸困难，打喷嚏，气喘，不安，流涎、流泪、排便频繁、黏膜发绀、瞳孔缩小（有时扩大）、对外界刺激反应增强、个别肌群痉挛收缩或震颤、运动失调等，最后昏迷而死。

水貂中毒时，呼吸急促、流涎、口吐白沫、全身无力，肛门松弛，并带有黄绿色的稀便。有的后躯麻痹，尿失禁，最后痉挛而死。慢性中毒症状不典型，食欲不好，虚弱，运动失调，腹泻，消瘦，体温下降，最后因呼吸中枢麻痹而死亡。

【病理变化】经消化道急性中毒者，胃肠内容物具有有机磷杀虫剂的特殊气味，如马拉硫磷、甲基对硫磷、内吸磷等中毒为蒜臭味，硫磷中毒是韭菜味和蒜味，八甲磷中毒有胡椒味等。但也有某些有机磷杀虫剂无任何特殊气味。胃肠黏膜充血、出血、肿胀，并多半呈暗红色或暗紫色，黏膜层易剥脱。肺充血、肿大，气管内常有白色泡沫存在。心内膜有形状整齐的白斑。肝、脾肿大。肾脏混浊肿胀，被膜不易剥离，切面为淡红褐色，界限不清。

亚急性病例，黏膜下和浆膜有散在的出血斑，各实质器官发生混浊肿胀，肺淋巴结肿胀、出血，胃肠黏膜发生坏死性炎症，肠系膜淋巴结肿大、出血，胆囊肿大、出血，肝发生坏死。

【诊断】应根据接触史、症状、化验及治疗（包括特效解毒剂的应用）等各方面的资料进行综合判断，一般情况下比较容易确诊。

（1）**了解接触史**　接触史是确定有机磷杀虫剂中毒的重要依据。应结合当地当时使用有机磷杀虫剂的情况和库存农药的种类等，进行深入细致的分析，为诊断提供有力的依据。从病兽的胃内容物、呼吸道分泌物和皮肤等处嗅到某些有机磷杀虫剂的独特气味，对诊断颇有意义。

（2）**了解症状**　以流涎、瞳孔缩小、肌肉震颤、呼吸急促、肺水肿和肠蠕动音增强等症状为主的病状，均可怀疑为有机磷中毒。

（3）**化验室检查**　可疑病例，除在必要时检查饲料、饮水、胃内容物是否存在有机磷杀虫剂，或采取尿液检查其分解产物（如敌百虫中毒时，尿液的三氯乙醇含量增高；对硫磷、甲基对硫磷等中毒时，在尿液可查出对硝基酚等）外，一般情况下多采用测定血液胆碱酯酶活性的方法。这种方法不仅对诊断有机磷杀虫剂中毒有意义，而且对判断中毒程度、观察疗效和推断预后也有重要的参考意义。

【治疗】当动物出现中毒时，应立即停止喂、饮可疑有机磷杀虫剂污染的饲料和水，并将动物移到通风良好的未发过病的笼舍中，或其他适宜地方。经皮肤或经口中毒者，立即应用1%肥皂水或4%碳酸氢钠溶液，洗涤皮肤（用微温液体，不宜用热的，因其可促进皮肤血管舒张，增加毒物的吸收），灌服或洗胃、灌肠。多数有机磷脂类均易在碱性溶液里分解失效。但硫特普、八甲磷、二嗪农、敌百虫例外，它们在酸性介质中易分解失效，故可以用1%醋酸（或食醋）洗涤皮肤（然后用清水冲洗）或洗胃，灌服。如果是对硫磷中毒，严禁使用高锰酸钾溶液洗胃，因其能使对硫磷氧化成毒性更强的对氧磷。

防止毒物继续吸收，促进毒物排出。灌服人工盐，也可以达到缓泻的目的，严禁用油类溶剂，尤其不能用各种植物油类。

有机磷杀虫剂主要经肾排出，输液既可稀释毒物，又可增加血容量促进其排出，从而缓解中毒过程，保护肾脏。此外，尚有补充电解质、营养物质和增加肝解毒功能的作用。常用等渗葡萄糖生理盐水注射液、复方氯化钠注射液或5%葡萄糖注射液，大剂量静脉注射。为防止发生肺水肿，输液速度不宜过快（或采取先快后慢的方法）。

目前应用在兽医临床上的特效解毒剂，主要有两类：①生理拮抗剂，即胆碱能神经的抑制剂，主要为阿托品；②胆碱酯酶复活剂，它可使已经磷酰化的胆碱酯酶恢复成能够水解乙酰胆碱的药物，如解磷定、氯磷定、双解磷等。

（牛绪东　杨万郊）

六、有机氯农药中毒

有机氯杀虫剂是应用较广的农药之一，也可用于治疗动物体外寄生虫和杀灭蚊蝇等。这类杀虫剂的残毒较强。近年来，国内外都先后控制或停止生产残毒性高的有机氯杀虫剂品种。

【病因】由于误食、误饮被污染的料、水而中毒；饲养场周围撒药灭虫时挥发出的药剂，特别是烟熏剂，常引起毛皮动物中毒；在治疗体表寄生虫时，由于涂药的面积过大，皮肤吸收或动物舔食而中毒；破坏性投毒。

【毒理】有机氯杀虫剂是一类接触性毒物，可经消化道、呼吸道黏膜和皮肤吸收，使动物中毒。这类农药是脂溶性的，在有机溶剂存在的条件下，有助于其吸收而加剧中毒过程。毒物进入机体后，主要积聚于富含脂肪的组织中，并有蓄积作用，以后逐渐分解被排出体外。

【临床症状】急性中毒病例，主要表现为兴奋性增强，各种音响的刺激和触及病畜的皮肤，都可使受害动物的听觉和触觉表现过敏。兴奋性增强的程度与中毒程度、个体反应机能等因素有直接关系。轻者精神沉郁，食欲多半废绝，局部肌肉（如肘后、股部等肌肉）震颤，眼睑闪动，或呆立不动。重者可视黏膜发红，呼吸困难，伴发不同程度的发绀，卧立不安、惊慌、乱碰乱撞，行动不自主，不时地出现阵发性全身痉挛。一旦发作，多突然摔倒在地，呈现角弓反张姿势，四肢乱蹬，眼睛频繁闪动，这些症状可多次反复发作，其间歇期越短，则表示病情越重，或病已达到后期。常在发作期因呼吸困难衰竭而死。慢性病例，症状不明显，精神不佳，逐渐消瘦，食欲减退。局部肌肉震颤，四肢运动不灵活，不协调，表现衰弱无力。有的出现后肢麻痹，不能站立，慢性胃肠卡他。后期血液循环功能紊乱，体温升高，呼吸急促等症状相继发生。

【病理变化】病程长的慢性病例，病变较明显，体表淋巴结肿大、水肿，各器官黄染，肝脏肿大、质地较硬，肝小叶中心坏死，胆囊肿大，胃黏膜充血，肠黏膜出血、卡他性炎症。肾肿大，出血，包膜剥离困难。脾肿大2～3倍，质地变脆。有的发生角膜炎。

【诊断】根据发病情况、临床症状和病理剖检变化进行综合分析，即可得出初步诊断。在必要的情况下进行实验室化验。

【治疗】首先应断绝毒物继续进入动物体的各种可疑途径（如饲料、水或其他可疑的线索）。经消化道中毒者，可催吐、洗胃、缓泻等。经皮肤中毒者，应立即用清水或碱水（当六六六、滴滴涕中毒时）彻底清洗体表，尽早除掉附在毛皮上的毒物，以防继续吸收，加深中毒过程。为缓解中毒，促进毒物及时排出和增强机体的抗病能力，可选用生理盐水、复方氯化钠、葡萄糖注射液，大量输液。对症疗法，如需缓解痉挛症状，可用镇静剂。此外，尚可考虑应用强心剂。禁用肾上腺素制剂，因在有机氯毒性作用下的心脏对肾上腺素非常敏感，容易诱发心室颤动，促使病情加重。

（牛绪东　杨万郊）

七、毒鼠药中毒

毒鼠药种类甚多，大致分为抗凝血毒鼠药（如敌鼠、灭鼠灵）、无机磷毒鼠药（如磷化锌等）、有机磷毒鼠药（如毒鼠磷等）、有机氟毒鼠药（氟乙酰胺、甘氟等）、氢熔体（即氢熔合物）毒鼠药及其他毒鼠药等（如安妥、氯化苦，溴甲烷等）6类。毒鼠药对人、畜及毛皮动物都有毒性。因此，畜、禽、毛皮动物毒鼠药中毒事故常有发生。

（一）水貂磷化锌中毒

磷化锌，化学名为二磷化三锌（Zn_3P_2），属剧毒性毒药，对人、畜和毛皮动物毒害较大。

【病因】常因食入被灭鼠毒饵污染的饲料引起。

【病理机制】食入的磷化锌在胃酸作用下产生剧毒的磷化氢气体，直接刺激胃黏膜。被吸收后进入血液，一方面直接损害血管黏膜和红细胞，使之形成血栓和溶血，另一方面引起组织变性、坏死，最终由于全身广泛性出血，组织缺氧，以致昏迷而死。

【临床症状】食入磷化锌后，常在15分钟至4小时之内出现中毒症状。首先表现厌食和昏迷，呕吐和腹痛，呕吐物有蒜臭味，在暗处可见磷光。有的病兽发生腹泻，排泄物中混有血液，亦具有磷光。呼吸迫促，有时有喘鸣声或鼾声。全身衰弱，共济失调，心跳缓慢，尿中有红细胞、蛋白和管型（又称尿圆柱）。病兽初期有过敏症状，痉挛发作，呼吸极度困难，张嘴伸舌，中毒后多在3～4小时死亡。幸存者，约需1周方可恢复。

【病理变化】肺显著充血，间叶水肿。胸膜出血、渗血。肝、肾极度充血。亚急性病例，肝苍白有黄斑，胃内容物蒜臭味，消化道黏膜充血、出血和黏膜脱落。

【诊断】一般根据病史，临床症状（呼吸困难、呕吐等），剖检变化（肺充血、水肿，胸膜渗出物和胃内物的蒜臭味），可作初步诊断。可在肝或肾中检查出磷化锌而确诊。

【治疗】无特效疗法，病初可用5%碳酸氢钠液洗胃，也可灌服0.2%～0.5%硫酸铜溶液，此溶液可与磷化锌形成不溶性的磷化铜，阻滞磷化锌的吸收而降低毒性。为防止酸中毒，可静脉注射葡萄糖酸钙或酸钠溶液。也可静脉注射等渗葡萄糖溶液和对症疗法。

（二）水貂、狐、貉的灭鼠灵中毒

灭鼠灵，又称华法林，属中等毒性，能引起毛皮动物广泛的致死性出血。

【病因】主要是食入混有灭鼠灵毒饵的饲料所致。

【病理机制】食入灭鼠灵1小时后，可在血液中查出；至6～12小时，其浓度达最高值。如果食入量大，即很快使血管扩张，血压下降，死于虚脱。慢性过程造成机体广泛性出血，组织缺氧。

【临床症状】急性中毒，无前驱症状很快死亡，脑血管、心包、纵隔和胸腔发生大出血时，死亡得更快。亚急性中毒，黏膜苍白、呼吸困难、鼻出血和便血为常见症状。此外，也可见巩膜、结膜和眼内出血。严重失血时，动物非常虚弱，并有共济失调、心律不齐、关节肿胀等症状。如果出血发生于脑脊髓或硬膜下，则表现轻瘫，共济失调，痉挛或急性死亡。病程较长者，可出现黄疸。

【病理变化】以大量出血为特点，出血可发生于体内任何部位。常见出血部位有胸腔、纵隔间隙、血管外周组织、皮下组织、胸膜下和脊髓、胃肠及腹腔等处。心肌弛缓，心内外膜下出血，肝小叶中心坏死。

【诊断】根据误食灭鼠灵的病史及严重出血的典型病状可以作出初步诊断。

【治疗】保持安静，注射维生素K或将维生素K（5～10毫升）溶于5%葡萄糖溶液静脉注射，有一定的效果。

（三）敌鼠中毒

敌鼠（diphacinone），化学名为二-二苯基乙酰基-1，3-茚满二酮。

【病因】常因误食混有敌鼠食饵的饲料而引起。

【病理机制】敌鼠进入机体后，抑制维生素K的作用，从而影响凝血酶原的合成，造成内脏出血，组织缺氧，毛细血管内皮损伤，血管壁通透性增高，易破裂出血。

【症状】精神沉郁，食欲减退，呕吐。随后，结膜苍白，呼吸迫促，粪便带血，血尿，皮肤出现紫斑。后期，黏膜发绀，肢体末梢冷感，呼吸困难，卧地挣扎，张口呼吸，最终窒息而死。

【诊断】根据病史和临床表现，排除其他出血性疾病。同时取可疑食物、呕吐物或胃内容物，进行毒物分析。

【治疗】病初可洗胃，静脉注射维生素K，每日3次，持续3～5天。同时，可肌内注射仙鹤草素液。给予足量维生素C及可的松类激素，有条件时可输氧、输血。

（牛绪东　杨万郊）

第二节　营养代谢性疾病

一、维生素A缺乏症

维生素A缺乏病是一种由于饲粮维生素A缺乏导致的毛皮动物上皮细胞角化为特征的营养缺乏症，以皮肤干燥、粗糙，夜盲、角膜干燥和软化等为主要临床特征。维生素A是维持动物视觉和黏膜上皮组织健康所必需的物质，其中以眼、呼吸道、消化道及泌尿生殖系统等上皮影响最为显著。造成毛皮动物维生素A缺乏的原因可能有长期饲喂单一饲料，饲料中维生素A供给不足，饲料不新鲜或氧化变质，饲料储存或加工不当等。

【临床症状与病理变化】各种动物都能发生，但临床表现不尽相同，通常在维生素A缺乏1～2月后表现临床症状。水貂发生维生素A缺乏症时，出现干眼病和神经症状，消化道、呼吸道和泌尿生殖道黏膜上皮角化，机能紊乱，发生腹泻、尿结石和肺病。维生素A缺乏症会导致母兽性周期紊乱，发情不正常，发情期延缓，怀孕期发生胚胎吸收；公兽性欲降低，睾丸缩小，精子形成障碍。银黑狐和北极狐维生素A缺乏的早期症状为神经失调，抽搐和头向后仰，随后肠道机能紊乱，出现腹泻，粪便内混有大量黏液和血液。维生素A不足还会严重影响仔狐的生长发育。

【防治】维生素A存在于动物性饲料中，以海鱼、乳类、蛋类中含量较多，鱼肝油是维生素A的良好来源。生产中，可根据需要直接在毛皮动物饲粮中添加维生素A添加剂。

（李文立）

二、维生素C缺乏症

维生素C，又称抗坏血酸，其缺乏症以出血和骨骼病变等为主要临床特征。毛皮动物的饲料主要以动物性饲料为主，由于肉类、鱼类及乳类等原料中维生素C含量较低，所以易出现维生素C缺乏症。

【临床症状与病理变化】狐和水貂缺乏维生素C，可致爪趾发红变厚，脚掌肉垫溃疡出血；哺乳期的仔貂易发生此病，称"红爪病"，主要表现为四肢下端皮肤红肿，关节变粗，趾垫肿胀，尾部水肿，患部皮肤紧张、红肿。如果怀孕母兽严重缺乏维生素C，则仔兽出生后易发生红爪病，仔兽尖叫，行动困难，头后仰，死亡率较高。

患病动物内脏出血严重，胃肠黏膜、肺、肝、肾等弥漫性出血，母兽子宫黏膜出血、子宫角坏死。

【防治】保证饲料中维生素C的充足供给，饲料中加入蔬菜、水果，也可补充维生素C添加剂。如仔兽出现红爪，可用5%维生素C溶液滴服，每只5～10滴，用滴管送至口腔服用，一天2次，直到肿胀消退为止。母兽也应补充维生素C添加剂。

（李文立）

三、维生素D缺乏症

维生素D的功能是维持正常的钙磷代谢，促进骨骼的生长发育，对毛皮动物的妊娠、泌乳及生长发育具有重要作用。毛皮动物可从鱼类、肝脏、乳和蛋类中获得。

【临床症状】母兽妊娠期维生素D不足，会导致胎儿发育不良，产弱仔，成活率低；泌乳期维生素D缺乏，会导致母兽缺乏泌乳量减少，过度消瘦，提前停止泌乳，食欲减退。幼兽维生素D缺乏，可致生长缓慢、异嗜，出现佝偻病，前肢弯曲，关节肿大，行动困难，疼痛、跛行，不能站立（2～4月龄易发生）；成年兽骨质疏松、变脆、变软，易发生骨折，四肢关节变形等。

【防治】维生素D主要来源于鱼肝油，动物肝脏、乳类、蛋类中也含有一定数量，可在饲料中添加鱼肝油或维生素D添加剂进行预防或治疗。同时注意日粮搭配，调节日粮钙磷比例，在饲料中增加鲜肝和蛋类的比例。

（李文立）

四、维生素E缺乏症

维生素E具有抗氧化作用，与动物生长发育、生殖机能关系密切。

【临床症状】维生素E缺乏时，种兽主要表现为生殖器官病变，生殖机能紊乱；种公兽睾丸发育受阻，精细管萎缩，生殖上皮退化，精液品质降低；种母兽发情异常或推迟、不发情，受配率降低；妊娠期母兽胚胎吸收、流产、死胎；新生仔兽体弱，不能吮乳，死亡率增加；有的仔兽出现脑软化症状，或肌肉营养不良，严重时不能站立。长期缺乏维生素E，可致水貂和狐狸肝坏死。

【防治】毛皮动物体内不能合成维生素E，只能靠饲料补充。一般水貂每天需要2.5～5毫克，狐狸5～10毫克。动物性饲料维生素E含量较少，奶、蛋、肉中含有少量。配种期和妊娠期的日粮中禁止饲喂氧化变质的鱼类和肉类，保证给予新鲜饲料，同时在日粮中添加维生素E添加剂；当日粮中不饱和脂肪酸含量增加时，维生素E的供给量也应随之增加。

（李文立）

五、肝脂肪营养代谢不良

肝脂肪营养代谢不良又称黄脂肪病、脂肪组织炎、肝脂肪变性，特征是全身脂肪黄染，出血性肝小叶坏死，伴发代谢障碍和器官机能及形态学严重病变。水貂易发。饲料保存时间过长或者饲料脂肪酸败，易引发此病。缺乏维生素E及硒时也可促进本病的发生。

【临床症状与病理变化】肝脂肪营养代谢不良主要分为急性型和慢性型两种。急性型主要表现为精神萎靡、食欲下降、饮水增多，可视黏膜轻度黄染；腹泻，粪便呈绿色或灰褐色，混有气泡和血液，最后变为煤焦油样；常伴有痉挛和癫痫样发作，不久便死亡。慢性型表现为精神沉郁、食欲下降，体重减轻，被毛蓬乱无光，可视黏膜黄染，后期腹泻，粪便黑色、混有血液，步态不稳，个别病例后肢麻痹或痉挛，出现尖叫，妊娠期会出现流产或胎儿吸收。

皮下脂肪变性，呈黄色（图4-12），肝脏肿大，质地脆弱，切面干燥无光泽，弥漫性脂肪变性时切面油腻（图4-13）；肾肿大呈灰黄色。死于妊娠期的母兽子宫壁往往水肿松软，有时由于子宫壁坏死破裂，胎儿落入腹腔中。

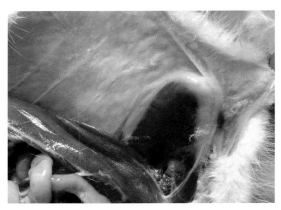

图4-12　皮下脂肪黄染

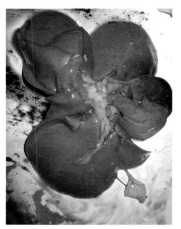

图4-13　肝脂肪变性

【防治】保证饲料新鲜，禁止饲喂被产毒细菌和真菌污染的饲料。母兽妊娠到产仔泌乳期应供给充足的全价配合饲料。还可用氯化胆碱治疗黄脂肪病，每次每只水貂30～40毫克随饲料投给，同时配合补充维生素E和硒，治疗效果良好。

（李文立）

六、钙磷代谢障碍

钙磷代谢障碍又称为佝偻病和骨纤维性营养不良，前者发生于幼兽，后者发生于成年兽。佝偻病是毛皮动物幼兽比较多发的钙、磷代谢障碍。

【临床症状】佝偻病多发于1.5～4月龄的貉、银狐及北极狐，水貂极少发生。典型临床症状就是肢体变形，两前肢肘部向外凸，呈现O形腿，有的甚至肘关节着地；多数病例先发生于前肢，随后后肢也开始发生变化；有的小腿骨、肩胛骨及股骨弯曲；肋骨与软骨结合处变形肿大；仔兽佝偻病形态特征表现为头大、腿短弯曲、腹部下垂，有的甚至不能用脚掌走路和站立，而必须用肘关节移行，由于肌肉松弛，关节疼痛，步态拘谨、跛行，多用后肢负重；患兽抵抗力下降，易感染其他传染病。患佝偻病的幼龄毛皮动物发育缓慢，体型矮小。

【病理变化】动物消瘦贫血，身体矮小，四肢软骨化、畸形。各关节的骨骺肥厚肿大，颅骨比较薄而软，冠状骨固体弯曲，骨密度比较疏松，易切割，不光滑，胸骨和肋软骨交接处增大呈念珠状，下颌骨肥大。关节滑膜面有溃疡灶，干骨易敲碎。

【防治】饲料加喂鱼肝油，同时加入鲜碎骨或者骨粉，增加日光浴。预防比治疗更重要，日粮中的钙、磷比应保持在2∶1。

（李文立）

七、自咬症

　　自咬症是食肉毛皮动物发生的以定期兴奋、啃咬自己身体某一部位为特征的一种疾病，严重者可导致败血症，最后因极度衰竭而死亡，是毛皮动物的一种常见病，发病呈明显季节性。成年兽以春季发情期、产仔期多发，幼兽多发于8～10月份。该病多见于水貂、狐狸等动物，严重影响毛皮动物的生长发育和毛皮质量。

　　【病因】目前，自咬症病因尚不确定，通常认为有以下几种诱因：营养缺乏，日粮营养不平衡，搭配不合理，微量元素、维生素或者氨基酸缺乏等；环境因素，通风性差，光照不足，外界噪声的干扰等；体内外寄生虫病；肛门腺堵塞；病兽对靠近其人员的应激反应；慢性传染病等。

　　【临床症状】患病动物初期精神兴奋，在笼中攀爬旋转，啃咬自己的尾、后肢、腹、腰等部位（图4-14至图4-16），并不时发出尖锐叫声，兴奋之后则进入沉郁状态，躺卧、眼睛半闭，对周围的事物不敏感或呈睡眠状态。发病严重时常常咬掉尾尖，撕破腹部皮肤，有的患病动物反复咬伤，并继发感染，最终因败血症而死。

　　【防治】记录种兽血缘关系、生产性能、生长发育等情况，分析自咬症发病原因，对已发生自咬症的种兽公母家族不再留种；舍内光线要适宜，通风要好，保持卫生干净，

图4-14 水貂自己咬伤后肢

图4-15 水貂自己咬伤尾巴

图4-16 水貂自己咬伤尾巴

有病患发生过的笼舍要全面消毒，尤其是在自咬症易发的夏秋季节更应注意，给毛皮动物创造一个良好的外部环境；饲料多样，保证饲料新鲜，不喂发霉变质的饲料，保证多种维生素和微量元素的供给量，日粮中添加1%～2%的羽毛粉，可降低自咬症发病率。

已经发生自咬症的养殖场，要做到及时隔离，将患病动物及时转移到专门场地安静饲养，减少外界环境应激。由寄生虫或者是皮肤病引起的自咬症，应及时进行全群驱虫。

（李文立）

第三节 产科病

一、流产

流产是毛皮动物妊娠中断的一种表现形式，是毛皮动物繁殖期的常见病，常给生产带来巨大损失。

【病因】引起流产的原因主要有：①饲料量不足及饲料不全价，特别是蛋白质、维生素E、钙、磷等缺乏；②饲料霉烂变质或冷藏过久，如饲喂霉败变质的鱼、肉及病死鸡的肉和内脏；③怀孕的母兽患某些传染病，或患子宫内膜炎等慢性病，如加德纳氏菌病、沙门氏杆菌感染、弓形虫病、钩端螺旋体病等；④母体内环境异常及机械性因素等；⑤环境中有较大刺激，如强光、高音，大气污染或水污染等；⑥药物性流产，即在妊娠期间给予子宫收缩药、泻药、利尿剂与激素类药物等。

【临床特征】母兽食欲不好或者拒食。多发生隐性流产，常常看不到流产的胎儿，但是有时在笼网上或地面上能看到流产的胎儿或者血迹，从阴道内流出恶露，呈红黑色、膏状（图4-17和图4-18）。

图4-17　流产的胎儿与恶露

图4-18 死 胎

【诊断】根据妊娠母兽的腹围变化、外阴部附有污秽不洁的恶露和流出不完整的胎儿可以确诊。

【防治】加强饲养管理可有效降低流产的发病率。在整个妊娠期，保证饲料全价、新鲜、恒定，蛋白质充足。另外，要防止怀孕母兽发生应激，养殖场要保持安静，防止意外惊动。

针对不同情况，在消除病因的基础上，采取保胎或其他治疗措施。对已经发生流产的母兽，要防止子宫炎和自身中毒，可以肌内注射青霉素10万～20万单位，一日2次。为了提高其食欲，可以注射复合维生素B注射液0.5～1.0毫升。对于不完全流产的母兽进行保胎治疗，可以注射复合维生素E注射液，肌内注射保胎药物1%黄体酮（银狐、北极狐注射0.3～0.5毫升；水貂0.1～0.2毫升）。对已经确认为死胎者，可以先注射缩宫素1.0～2.0毫升，产出死胎，再按照上述方法治疗。

（马泽芳）

二、难产

毛皮动物难产是指母兽在分娩过程中发生困难，不能将胎儿顺利排出体外。

【病因】母兽在怀孕期间吃了腐败变质饲料；日粮经常变化，造成怀孕母兽食欲波动或拒食；妊娠母兽过度肥胖；产道狭窄、胎儿过大、胎位和胎势异常等都可导致母兽难产。

【临床特征】一般认为母兽已到预产期并已出现临产征兆，时间超过4小时，仍不见产程进展，或胎儿已入产道达6小时仍不能娩出胎儿。母兽表现不安，来回走动，呼吸急促，不停地进出产箱，回视腹部，努责，排便，有时发出痛苦的呻吟，后躯活动不灵活，两后肢拖地前进，从阴部流出分泌物，不时地舔舐外阴部，有时钻进产箱内，蜷曲在垫草上不动，甚至昏迷，不见胎儿产出。

【诊断】根据母兽已到预产期并具备临产的表现，不见胎儿娩出，母兽进出小室不安，阴道内有血污排出，时间已超过4小时，可以视为难产。

【防治】加强母兽妊娠期的饲养管理是预防难产的根本措施。母兽如出现临产症状，但长时间不见产出仔兽，并且羊水已流出，胎儿嵌于生殖道分娩不出来，此时可进行人工催产。狐、貉肌内注射脑垂体后叶素0.6～0.8毫升，间隔20～30分钟，可重复注射一次，经2～4小时仍不见胎儿产出，可行人工助产。水貂肌内注射脑垂体后叶素0.2～0.5毫升或肌内注射0.05%麦角0.1～0.5毫升，经2～3小时后，仍不见胎儿娩出时，可适时进行人工助产。

助产时，首先用0.1%高锰酸钾或新洁而灭溶液等消毒药液作外阴消毒，然后用甘油或豆油作阴道润滑处理，用开膣器撑开阴道，然后用长嘴疏齿止血镊子将胎儿拉出。

（马泽芳）

三、子宫内膜炎

貂、狐和貉子宫内膜炎以母兽发情不正常或不易受胎及妊娠后流产为特征，不仅造成繁殖障碍，严重者可造成母兽死亡。生产中狐多发生化脓性子宫内膜炎。

【病因】主要是配种季节，养殖场卫生条件不好，配种笼内粪便积蓄，导致配种过程中细菌（绿脓杆菌、大肠杆菌、金黄色葡萄球菌、化脓棒状菌、变形杆菌等）感染，子宫内膜发炎化脓。如交配过程中，由阴道或子宫带进异物或感染物而发病；母兽发生难产、胎衣不下、子宫脱、子宫复旧不全、流产或死胎停滞时，均能导致子宫黏膜受到损伤，被病菌感染或胎儿腐败产生有毒物质而发病；母兽外阴不洁，助产时消毒不严密也可感染发病；特别是狐人工授精时，无菌观念不强，人工输精器具消毒不严，或操作不当造成人工感染。

【临床特征】狐配种15~20天后，外阴流出灰黄色或灰绿色的脓样分泌物。初期母狐不表现明显的临床症状，子宫积脓后，患病动物逐渐出现临床症状，食欲减退（图4-19），精神

图4-19 拒 食

沉郁，卧于笼内或产箱内（图4-20），外阴部有少量脓样物附着或流产，体温升高，拒食，有时子宫积脓（图4-21）；若治疗不及时，常常引发脓毒败血症而死亡。

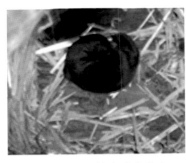 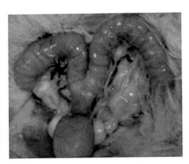

图4-20　卧于笼内或产箱内　　　　图4-21　子宫积脓

【诊断】根据病史、临床表现、直肠检查或腹壁触诊时，母兽外阴部附着有排出胎儿或胎衣等腐败碎片组织或脓液等可作出初步诊断。早期炎症分泌物的检查，需保定后检查并确定是从子宫排出后方可确诊。随病程延长，有些急性子宫内膜炎常转变为慢性子宫内膜炎。

【防治】搞好饲养管理，改善养殖场的卫生条件，及时清除小室内和笼网上的积粪，配种前和助产时要对笼舍用喷灯火焰消毒，助产后要对母兽及时注射抗生素。人工授精是预防子宫内膜炎的重要环节，要保证无菌及操作规范。

貂、狐子宫内膜炎在患病早期，用抗生素积极治疗，多数病例预后良好；但若发展到子宫化脓、蓄脓，则预后不良。由于毛皮动物体型小，清洗子宫、排脓均不便施术，可用人工输精针往子宫内注射0.1%高锰酸钾液，或向子宫注入少量的含有抗生素的液体，任其自然排出。同时肌内注射庆大霉素（拜有利也可以），每次8万～10万单位，每日2次；或者注射氨苄青霉素，再静脉注射5%葡萄糖生理盐水100～150毫升效果更佳。为促进子宫脓液的排出，每日肌内注射1次小剂量的垂体后叶素或黄体酮，促使子宫颈开张，便于子宫内液体排出。阴道可以用0.1%的高锰酸钾溶液冲洗。

（马泽芳）

四、乳房炎

乳房炎又名乳腺炎，是乳腺受到物理、化学、微生物等刺激，感染病菌而发生的一种炎性变化，以乳房肿大、质硬、化脓、乳汁变性等为主要临床症状。

【病因】毛皮动物的乳房炎主要是由于葡萄球菌和链球菌感染引起。机械性损伤、乳汁积滞、应激等是诱发该病的重要因素。笼舍破损、垫草粗硬；母兽乳头与笼面的长期摩擦；母兽泌乳量不足，导致仔兽抢吮而咬伤奶头等外伤，从而对乳头皮肤造成损害，为病菌感染乳腺创造了有利条件。另外，母兽泌乳过多，仔兽吃不完或仔兽死亡均可使乳汁在乳腺内积滞酸败，导致病菌大量繁殖，造成淤滞性乳房炎。

【临床特征】患病母兽徘徊不安，拒绝给仔兽哺乳，常在产箱外跑来跑去，有时把仔兽叼出产箱；由于仔兽不能及时哺乳，常发出尖叫声，腹部不饱满，发育迟缓，被毛蓬乱，消瘦，直至病死、饿死。急性乳腺炎常局限于一个或几个乳腺，局部有不同程度的充血发红，乳房肿大变硬、温热疼痛。严重时，除局部症状外，尚伴有全身症状，如食欲减退、体温升高、精神不振、常常卧地不愿起立。

【诊断】 发现初产母兽徘徊，仔兽不安，叫声异常者，应及时检查母兽的泌乳情况和乳房状态，触诊母兽乳房热而硬，如有痛感，说明母兽患有乳房炎。

【防治】 消灭病原、提高动物的自身抵抗力对预防乳房炎至关重要。产前要对食槽、笼具、饮水器等彻底消毒，产房内的垫草、粪便、废弃物应送往远离养殖场的地方进行无害化处理，从源头上防止该病的发生。在母兽进产房前，对破损的笼具进行修补，并且清除笼舍内铁丝、玻璃、木屑等异物，选择柔软垫草，最好不用有芒刺的垫草，以保证舍内安静，避免机械损伤。产后要经常观察母兽的哺乳行为和产仔情况，发现异常及时处理。在乳房炎高发的泌乳期，要按"多投精喂，保持安静，供足饮水"的方式来加强护理，保证动物体质健康，增强其抗病能力。

乳房炎属局部感染，常常伴有全身症状，因此，在通过局部对症治疗的同时，应根据病情需要积极配合全身疗法，以提高疗效，达到尽快治愈的目的。

初期冷敷，每个乳头结合按摩排乳，在乳腺两侧用0.25%普鲁卡因注射液溶解青霉素进行封闭。水貂青霉素30万～40万单位，每侧注射3～5毫升；狐青霉素50万～80万单位，每侧注射5～10毫升。也可选用头孢噻呋钠、头孢喹肟、恩诺沙星、红霉素和氟苯尼考等药物治疗。同时注射复合维生素B和维生素C，狐2～3毫升，水貂1～2毫升。

另外，对拒食的貂、狐和貉，可通过静脉、皮下或腹腔注射5%～10%葡萄糖100～200毫升，维生素C和维生素B各0.5～1.0毫升，每天1次，进行辅助治疗。

（马泽芳）

五、不孕

不孕是由于多种因素而使母兽生殖机能暂时丧失或者降低，临床表现为母兽空怀。

【病因】引起母兽不孕的因素有很多，总的来说包括先天性不孕和后天获得性不孕两种。先天性不孕是由于先天性或者遗传性因素导致生殖器官发育异常或者畸形。后天获得性不孕常见，主要原因包括：①营养性因素，如营养过剩而肥胖、维生素不足或者缺乏等；②管理因素，如运动不足、卫生不良等；③繁殖技术因素，如在母兽发情期内没有及时让公兽配种，人工授精时稀释液质量不过关或公兽体弱等；④环境气候因素，毛皮动物是季节性发情动物，光线、气候的变化可能会影响卵泡的发育，例如水貂对采光时数及强度敏感等；⑤疾病性因素，如产后护理不当、流产、难产等引起子宫、阴道感染，卵巢和输卵管疾病，以及影响生殖机能的其他疾病。

【防治】保证养殖场周围环境不受污染，并搞好养殖场卫生。养殖场内的空气、温度、湿度、传染病病源、噪声、棚舍内的光照强度等都可以直接或间接导致母兽屡配不孕，所以选择避风向阳、冬暖夏凉、地势平坦、排水良好的环境和营造适宜母兽生育繁殖的环境，是避免母兽不孕的重要条件之一。

加强母兽的饲养管理。营养是影响母兽繁殖力的重要因素之一，对肥胖的母兽要停止或减少饲料喂量，增加运动；营养不足往往会导致不发情、发情周期紊乱和早期胚胎死亡等。因此，在饲养上必须满足母兽的营养需要，特别是蛋白质、矿物质和维生素的需要量。及时诊断、治疗各类引起不孕的产科疾病。如果发生卵泡囊肿和卵巢肿大，要立即使用抗菌消炎药物，如青霉素每千克体重10万单位，2次/天，肌内注射2～3天，待囊肿消除、卵巢正常卵泡发育成熟将要排卵时，方可交配。如果发生持久黄体，要注射前列腺素30毫克，降低血中孕酮含量，促使黄体溶解消退，再注射FSH，待卵泡生成发育成熟后，方可交配。同时，要避免助产不当造成继发感染引起的不孕。

（马泽芳）

第四节　泌尿系统疾病

一、膀胱麻痹

膀胱麻痹是由膀胱括约肌高度紧张而引起的伴有排尿困难的疾病。哺乳动物北极狐母狐常发生该病。银黑狐发生较少。

【病因与发病机制】本病为肌原性，主要发生于泌乳量高且母性强的母兽中间，这种母兽往往拖延排尿时间，特别是在夜间睡眠状态时更是如此。如果兽场产仔期保持安静，该病的发生就大大减少。反之，母兽经常处于惊扰状态，对排尿中枢产生抑制影响，由于膀胱解剖构造特点，长期过度充盈与括约肌持续性紧张不开会导致膀胱颈出现比较牢固的闭锁，从而在一定阶段内母兽不能单独完成排尿动作。

【临床症状】病初母兽在给食时不出小室，其腹围逐渐增大，触摸膀胱显著变大、有波动。病兽呼吸困难，腹壁非常紧张。大多数病例为急性经过，膀胱积尿（图4-22），常常并发膀胱破裂。如及时治疗，则预后良好。

图4-22　患病水貂膀胱充盈

【防治】母兽哺乳期要合理饲养，保持兽场安静。在喂饲时，如母兽不从小室内出来，饲养人员可把其赶出小室，插上挡板，让母兽把尿在外面排出后，再打开挡板将其放回小室内。应用这种简单方法，即可有效预防狐狸膀胱麻痹病。

对于患病动物，积极治疗，促进排尿。如病兽无窒息症状，可将母兽从小室内驱赶出来，让其在笼子内运动20～30分钟，使尿液从膀胱中排空。如上述方法无效时，可实行剖腹手术，经膀胱壁把针头刺入膀胱内使其尿液排空。

（司志文）

二、尿结石

尿结石是由于饲料成分、机体状态、病原微生物感染等多种因素，使尿路中盐类结晶析出形成的凝结物嵌入尿道或膀胱引起尿道结石或膀胱结石，造成排尿机能障碍。毛皮动物的尿结石主要发生在6—8月，特别是炎热潮湿的季节，营养良好的幼貂突然发病，多见于断奶后的幼貂，尤其是公貂更多见，而成年貂发病较少。在生产实践中，因不能进行有效诊治而导致水貂死亡，给养殖户带来了较大的经济损失。

【病因】引起尿结石的原因较多。泌尿器官炎症；断奶引起的血钙不平衡，机体为了满足血钙平衡，动员体内的钙造成血钙过剩；饲料中钙磷比例不科学，维生素A不足；炎热季节，水貂通过大量饮水调节体温变化，此时如果饮水不足，就会使尿液变浓，盐类浓度过高，尿路感染容易出现结晶而形成尿结石。

【临床症状】病初无明显症状，随病程发展，病貂主要表现精神不安，后肢叉开行走，排尿时尿液呈点滴状，有的排出血尿；尿道口及腹部被毛浸湿，腹围增大。触摸耻骨前缘时可摸到膨满的膀胱，压之敏感，有时触摸膀胱空虚。冲击式触诊腹部时有拍水音，此时进行腹腔穿刺会有大量的淡黄色或红色的液体流出，有尿臭味，往往混有砂石样物质。后期后肢麻痹。母貂因尿路结石影响子宫正常收缩时，易发生难产。有的患病水貂突然死亡。

【病理变化】多数死亡的水貂尸体营养良好，死亡貂腹部被毛尿湿并膨满，膀胱、肾脏或尿道有数量、大小不等的坚硬结石，结石接触部位的组织有炎症变化、出血或溃疡（图4-23和图4-24）。膀胱充盈，尿液中混有黏液或血液，黏膜瘀血或出血。肾脏肿大、被膜下有出血点（图4-25）。肾盂扩张，充满黏稠的尿液。其他器官无并发症，无明显的异常变化。

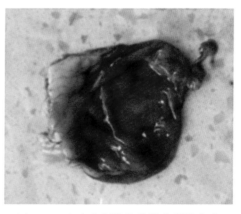

图4-23　患病水貂膀胱黏膜弥漫性出血

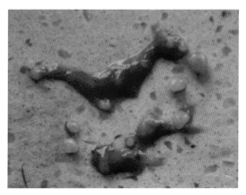

图4-24　患病水貂膀胱内有大量的尿结石

图4-25　患病水貂肾脏肿大

【诊断】完全性尿道阻塞，可根据排尿障碍、触诊膀胱内有尿结石或尿砂确诊。不完全性尿道阻塞，可根据病貂行为进行初步诊断。

【防治】本病没有特效的治疗方法，使用外科手术对于毛皮动物来说不适合、不经济。如果结石小的可用利尿、抗菌消炎的方法治疗。主要是加强饲养管理，日粮中增加肉类、脂肪、牛乳和蔬菜的比例，保证钙和磷比例及足量的维生素A，避免钙或磷含量过高，注意饲料的酸碱平衡，保证水盒内饮水充足。每天饲料中加入200单位鱼肝油。日粮中添加适量的食用醋，可预防尿结石的发生。为预防尿结石的形成，从5月开始可在饲料中添加氯化铵或有机酸。

（司志文）

三、尿湿症

尿湿症是水貂等毛皮动物泌尿系统疾病的一个症候，

而不是单一的疾病。有很多疾病会引起尿湿，如肾炎、膀胱炎、尿结石、黄脂肪病和阿留申病等，其特征是患病动物频频排尿。公貂发病率为40%，母貂发病率为10%。

【病因】本病的病因多样复杂，与遗传因素、细菌感染、饲养管理不当、饲料不佳引起的代谢病和泌尿器官的原发疾病或继发症等有关。

【临床症状】主要症状是尿湿，公兽下腹部及脐部尿湿，母兽会阴部及股内侧被毛湿漉漉的，严重的尿湿部位脱毛，皮肤湿疹、潮红（图4-26）；有的病兽可视黏膜苍白，特别是继发阿留申病的病兽，有的出现贫血，严重者会出现食欲减退、精神沉郁等。排尿不直射、淋漓，走路蹒跚，如不及时治疗原发病，将逐渐衰竭而死，本病多发于40～60日龄幼兽。

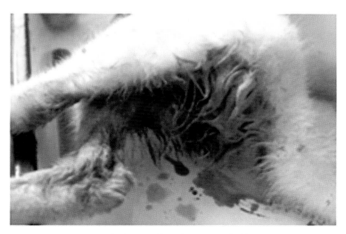

图4-26　发病狐狸会阴部及股内侧被毛湿漉

【病理变化】因本病的病因复杂多样，所以病理变化有较大差异，但共同的病理变化是肾脏肿大，表面颜色不一，包膜不易剥离，肾盂出血，膀胱发炎。所有急性黄脂肪病的死亡尸体营养良好，皮下脂肪黄染，肝肾黄染，后躯不尿湿。若继发于阿留申病，则机体消瘦，可视黏膜苍白、口腔苍白、有溃疡，肾脏土黄色、凹凸不平。尿结石解剖症状是尿路内有黄白色颗粒的沉淀，膀胱蓄尿或有结石，膀胱黏膜发炎。

【诊断】根据临床症状及病理变化对该病进行诊断。

【防治】对哺乳期母貂和断奶幼貂应加强饲养管理，不喂质量差、腐败及含脂肪多的食物，适当增加乳、蛋、酵母和鱼肝油的添加量，减少日粮中脂肪含量，不喂含酸败脂肪的饲料，增加糖类饲料量，给予清洁的饮水。补喂维生素D要适量。正确估算鱼肝油等维生素D含量，有计划分阶段投喂，如配种前1个月左右隔日添加。注意观察，如早期发现貂排尿异常，不可忽视，要请专业兽医人员对症治疗。

对于患病动物，清除患部皮肤上一切污物，剪除胶粘在一起的被毛，用温开水或能收敛、消毒的1%～2%鞣酸、3%硼酸溶液洗涤。然后涂布3%～5%龙胆紫、5%美蓝溶液或2%硝酸银溶液或撒氧化锌滑石粉（1：1）、碘仿鞣酸粉（1：9）等，以防腐、收敛和制止渗出。随着渗出减少，可涂氧化锌软膏等。青霉素10万～20万单位，肌内注射，每日2次，连用3～5天；土霉素0.1克，混入饲料中口服，每天2次，连用3～5天。尿路消毒，可口服乌洛托品0.2克，每日2次，连用5天。

（司志文）

一、胃扩张－扭转综合征

急性胃扩张－扭转综合征发病急，死亡快，死亡率高。胃扩张是指胃内大量填充气体、液体或食物，使胃壁张力下降，引起胃扩张的病理过程。胃扭转是指胃幽门部从右侧转向左侧，并被挤压于肝、食管的末端和胃底之间，导致胃内气体和内容物不能由食道或十二指肠排空。

【病因】动物的种类、年龄，胃部韧带解剖结构缺陷，饲料质量不佳、酸败，饲料营养成分改变，过量饮食，遗传因素，饲养环境变化，气候变化，长途运输及交配等应激因素均易引发本病。有时继发于其他传染病，如胃肠炎等。

【临床症状】患病动物多突然发病，精神烦躁或沉郁，呼吸急促或困难，流涎较多，表现腹痛，伴有呻吟、口吐白沫，躺卧地上，病情发展迅速；严重胃扭转时，由于胃贲门和幽门都闭塞，胃内气体、液体和食物既不能上行呕吐出来，也不能进入肠道，因而发生急性胃扩张，在短时间内即可见到腹部逐渐胀大（图4-27至图4-29）。此时叩诊腹部呈鼓音或金属音，冲击胃下部可听到拍水音，很快发生休克。如不及时治疗，可在数小时内死亡，最长存活时间不超过48小时。病程稍久的则极度虚弱，不能站立，可视黏膜发绀，鼻镜干燥，脉搏弱，呕吐，呕吐物呈白色泡沫样，食欲废绝，略有饮欲。胃穿刺有大量的气体排出。抢救不及时，很容易自体中毒，窒息或未破裂而死。

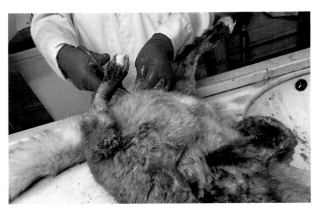

图4-27　患病狐狸腹胀

图4-28　患病狐狸胃扩张、积液、积气

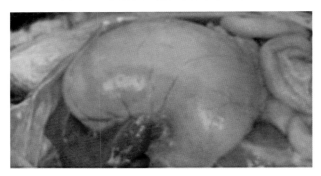

图4-29　患病狐狸胃扩张-扭转

【诊断】胃扩张-扭转综合征的特征比较明显，诊断比较容易，根据典型的临床症状和病理变化即可作出诊断。同时也可以通过触诊检查和X光检查确诊。

【防治】加强饲养管理，注意饲料质量，防止动物暴饮暴食。发生本病后，应以最快的速度进行抢救，若拖延则可能发生未破裂或窒息而死。首先先排除胃扩张的病因，减少胃内发酵产气。可以口服5%乳酸菌液或者食醋3～5毫升乳酸菌素片，乳酶生片1～2片，也可以肌内注射胃复安1毫升，以促进胃内容物排空。如果经过1～2小时后，仍不见效果，则必须用较粗的注射针头，经腹壁刺入扩张的胃内进行放气。胃扭转的必须经过剖腹手术进行治疗或者淘汰。

（惠涌泉）

二、肠套叠

肠套叠是指一段肠管伴同肠系膜套入与之相连续的另一段肠腔内，形成双层肠壁重叠现象，套叠部肠管血液循环障碍，瘀血肿胀，致使肠管狭窄，腹痛。

【病因】多发生于幼龄动物，一般认为是因肠蠕动正常节律紊乱所致，常继发于肠炎、肠梗阻、异物刺激或寄生虫等病。

【临床症状与病理变化】患病动物反复呕吐，腹痛，排便时里急后重，可见有黏液血便。触诊腹部敏感，在下腹部可触摸到坚实而有弹性、似香肠样的套叠肠管。剖检时多见小肠下段套入回肠，一段空肠套入另一段空肠，套叠部分瘀血、肿胀，呈香肠样（图4-30和图4-31）。

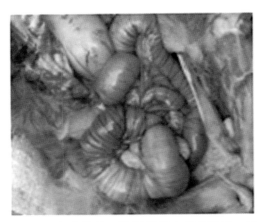

图4-30　患病貉的一段肠管套入相邻的另一段
　　　　肠管

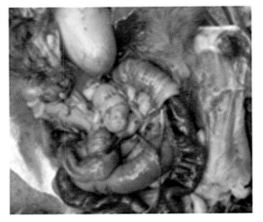

图4-31　套入段肠管瘀血，紫红色

【防治】加强饲养管理，不饲喂发霉变质的饲料及含纤
维素多的饲料，防止肠蠕动加快。不惊扰动物，对预防本
病是有益处的。对早期肠套叠动物，可用温肥皂水灌肠，

但本病生前常不易被诊断，来不及治疗。对于毛皮动物而言，不建议实施手术治疗，应淘汰并进行无害化处理。

（李宏梅）

三、直肠脱

肛脱（直肠脱出）很少是原发的，多继发于慢性和急性胃肠炎。长期腹泻、腹痛，病兽频频努责、里急后重、负压加大，造成肛门括约肌麻痹，直肠脱出肛门外，不能缩回肛门内。狐狸易得此病，幼龄水貂也经常发生。

【病因】由于胃肠炎或病毒性肠炎而引起的腹泻、便秘，引起肛门括约肌松弛，腹内压升高，直肠损伤等，这些情况均能引起直肠脱出。

【临床症状】直肠脱出是直肠黏膜连同直肠壁全层呈香肠样柱状物突出于肛门外，不能自行缩回。刚脱出的黏膜呈鲜红色、有光泽、湿润；时间长了黏膜水肿坏死，变为暗红色或黑紫色，欠光泽、坏死、破溃（图4-32至图4-35）；病兽表现痛苦感，精神不振。有时舔舐脱出的直肠，食欲减退。脱出物时间长了就会坏死，污秽不洁，附有异

图4-32　直肠脱落

图4-33　直肠脱落

物，如不及时治疗，很容易感染死亡。有时脱出的直肠摩擦笼网或被同居的水貂咬伤，有时会使全部肠管脱出腹腔。

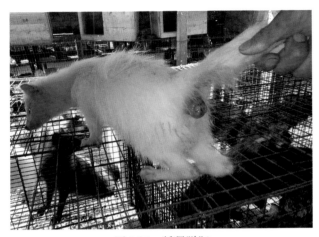

图4-34　狐狸脱肛

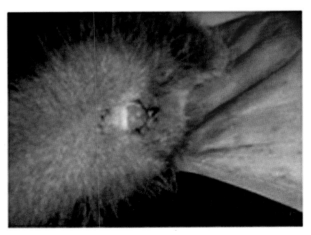

图4-35　水貂脱肛

【诊断】根据临床症状即可确诊。

【防治】加强饲养管理，防止胃肠炎的发生，发现腹泻要及时治疗，不拖延时间。胃肠炎和长期腹泻是继发脱肛的主要原因，特别是幼兽腹泻极易引起脱肛。对患病动物进行积极治疗，排除病因，按常规外科整复。

（惠涌泉）

四、脊椎损伤

脊椎损伤，是动物机体受机械外力作用引起的脊椎损伤。由于脊椎受到损伤，传导神经被破坏，引起感觉和运动功能障碍，而出现截瘫等症状。

【病因】多因外力，跌、打、压、碰和翻车或兽笼翻滚等造成突发性脊椎损伤；配种时，饲养员抓兽动作过猛引起脊椎损伤；孕期因钙磷供给不足，引起动物骨质疏松。

【临床症状】

（1）**轻度脊椎损伤** 毛皮动物受伤部位多有擦伤，肿胀，脱毛，疼痛，出汗以及痉挛等变化。病兽后躯无力，运步时腰部强拘，摇晃，两后肢抬举困难，容易倒地，卧地后起立困难。

（2）**重度脊椎损伤** 受伤后发生截瘫，根据脊椎损伤的部位和程度不同，临床表现不同。颈椎全横损伤，动物可迅速死亡；膈神经起点第五、第六节颈髓后方损伤，侧躯干、尾及四肢感觉障碍和运动麻痹，并出现膈肌运动、呼吸运动障碍，排粪排尿失禁，尿潴留和排尿迟滞；胸椎全横损伤时，伤部后方麻痹和感觉消失，腱反射亢进；腰荐部前部损伤时，臀部、荐部、后腰和尾部麻痹和感觉消失，腱反射功能亢进；中部损伤时，除后肢感觉消失和麻痹外，由于股神经核损伤，膝反射消失，会阴部和肛门反射无变化或增强；后部损伤时，则坐骨神经支配的区域，包括尾和后肢感觉消失和麻痹，排粪排尿失禁（图4-36和

图4-36　大小便失禁

图4-37　后腿瘫痪

图 4-37)。

【诊断】根据受伤史、临床症状，并结合 X 线检查，可以诊断。也可触诊，绑定病兽，用手指沿病兽颈部脊椎向下逐步按压，如发现按压处塌陷病兽挣扎不安，即可确诊。

【防治】防止外伤和笼舍的滚翻，捕捉时注意不要粗暴。饲料中钙、磷比 [（2 ~ 1）：1]，含量充足（尤其孕期）。使病兽安静休息，患兽不安时，给予镇静剂，如溴化钠、安乃近或水合氯醛等。粪尿潴留时，应定时排除粪尿；初期脊椎部位施行冷敷，其后热敷或涂 10% 樟脑酒精、松节油等刺激剂，促进消炎；麻痹时用士的宁或藜芦素皮下注射；局部应用直流电或感应电疗法与离子透入疗法。为防止感染和消炎，应及时用抗生素或磺胺类药物。当心脏衰竭时，可选用强心剂；疼痛不安时，应用镇静剂。严重脊椎损伤的动物，应淘汰。

（惠涌泉）

参 考 文 献

蔡宝祥，2001. 家畜传染病学 [M].4 版 . 北京：中国农业出版社 .

陈溥言，2015. 兽医传染病学 [M].6 版 . 北京：中国农业出版社 .

代姬娜，2015.1 例狐狸钩端螺旋体病的诊断与防制 [J]. 养殖与饲料（8）：60-61.

高贺松，姜海涛，2007. 毛皮动物自咬症的防治 [J]. 养殖技术顾问（10）：91.

葛东华，刘绍满，刘云英，等，2015. 银黑狐养殖实用技术 [M]. 北京：中国农业科技出版社 .

顾绍发，2007. 北极狐四季养殖新技术 [M]. 北京：金盾出版社 .

关中湘，王树志，1982. 毛皮动物弓形体病 [J]. 吉林农业大学学报（2）：73-78.

郭凤铭，范宏刚，蔺东启，等，2012. 一起狐狸沙门氏菌病的诊治 [J]. 特种经济动植物，15（8）：16.

侯志军，刘欣，2012. 毛皮动物螨虫病的诊治 [J]. 黑龙江畜牧兽医（20）：110.

侯志军，邢明伟，曾祥伟，等，2011. 貉敌百虫急性中毒 [J]. 中国兽医杂志，47（3）：43-44.

华树芳，华盛，仇学军，2007. 实用养貉技术 [M]. 北京：金盾出版社 .

江明静，赵世刚，2016. 布氏杆菌病及其诊断和药物治疗研究进展 [J]. 医学动物防制，32（12）：1372-1375，1380.

李建基，刘云，2014. 兽医外科及外科手术学 [M]. 北京：中国农业出版社 .

李建军，李丰宜，吕春艳，等，2007. 貉沙门氏菌病的诊治 [J]. 中国畜牧兽医 34（2）：125-126.

李祥瑞，2011. 动物寄生虫病彩色图谱 [M]. 2 版. 北京：中国农业出版社.

李永芳，于进波，曲文燕，2013. 毛皮动物维生素 C 缺乏症 [J]. 山东畜牧兽医，34（10）：104.

李玉峰，2013. 毛皮动物钩端螺旋体病的诊治 [J]. 养殖技术顾问（2）：178.

李忠宽，魏海军，程世鹏，1997. 水貂养殖技术 [M]. 北京：金盾出版社.

刘吉山，姚春阳，李富金，2017. 毛皮动物疾病防治实用技术 [M]. 北京：中国科学技术出版社.

刘季科，龚生兴，皮南林，等，1980. 水貂维生素 B 缺乏症的研究 [J]. 毛皮动物饲养（1）：12-15.

刘建柱，马泽芳，2014. 特种经济动物疾病防治学 [M]. 北京：中国农业大学出版社.

刘鹏，张维广，2009. 毛皮动物自咬症的综合防治 [J]. 北方牧业（11）：26.

刘晓颖，陈立志，2010. 貉的饲养与疾病防治 [M]. 北京：中国农业出版社.

马泽芳，崔凯，2018. 毛皮动物养殖实用技术 [M]. 中国科学技术出版社.

马泽芳，崔凯，高志光，2013. 毛皮动物饲养与疾病防制 [M]. 北京：金盾出版社.

马泽芳，崔凯，王利华，等，2017. 狐狸高效养殖关键技术有问必答 [M]. 北京：中国农业出版社.

朴厚坤，王树志，丁群山，2004. 实用养狐技术 [M]. 北京：中国农业出版社.

蒲德伦，朱海生，2015. 家畜环境卫生学及牧场设计案例版 [M]. 重庆：西南师范大学出版社.

钱爱东，李影，2009. 兽医全攻略毛皮动物疾病 [M]. 北京：中国农业出版社.

钱国成，2008. 毛皮动物钙、磷及其他物质代谢障碍病[J]. 特种经济动植物（4）：20-22.

钱国成，2009. 毛皮动物常见寄生虫病（1）[J]. 特种经济动植物，12（1）：18-19.

钱国成，2009. 毛皮动物细菌性病害（2）[J]. 特种经济动植物，12（1）：21-22.

钱国成，2010. 毛皮动物常见寄生虫病（3）[J]. 特种经济动植物，13（1）：16-18.

钱国成，2010. 毛皮动物常见寄生虫病（6）[J]. 特种经济动植物，13（4）：19-21.

仇学军，毕金焱，华树芳，1997. 实用养貉技术[M]. 北京：金盾出版社.

佟煜人，李学俊，张南奎，1992. 海狸鼠养殖技术问答[M]. 北京：金盾出版社.

佟煜人，钱国成，1990. 中国毛皮兽饲养技术大全[M]. 北京：中国农业科技出版社.

王春璈，1999. 养狐与狐病防治[M]. 济南：山东科学技术出版社.

王春璈，2008. 毛皮动物疾病诊断与防治原色图谱[M]. 北京：金盾出版社.

王刚，丛培强，丁利强，2015. 一例水貂李氏杆菌病的诊治[J]. 特种经济动植物，18（11）：16-17.

王海波，谭华，冯子力，等，2014. PCR技术在钩端螺旋体病例诊断中的应用[J]. 中国国境卫生检疫杂志，37（5）：310-312.

王卫青，刘鹏，2014. 毛皮动物常见皮肤病及其防治措施[J]. 湖北畜牧兽医，35（2）：38-39.

王振勇，刘建柱，2009. 特种经济动物疾病学[M]. 北京：中国农业出版社.

魏丽萍，2012. 毛皮动物螨病的诊治[J]. 养殖技术顾问（2）：79.

夏咸柱，高宏伟，华育平，2011. 野生动物疫病学[M]. 北京：高等教育出版社.

毛皮动物疾病诊疗图谱

徐凤旋，董长兴，郭庆明，等，2015. 蓝狐大肠杆菌病与附红细胞体病混合感染的病例报告[J]. 中国畜牧兽医文摘，31（10）：204，203.

颜培实，李如治，2011. 家畜环境卫生学[M]. 4版. 北京：高等教育出版社.

杨青，石有斐，陈静，等，2015. 貂源大肠杆菌的分离鉴定及耐药性研究[J]. 中国兽药杂志，49（8）：14-19.

易立，程世鹏，2016. 图说毛皮动物疾病诊治[M]. 北京：机械工业出版社.

余四九，2006. 特种经济动物生产学[M]. 北京：中国农业出版社.

张成普，2014. 绵羊蜱病的观察及防治[J]. 中国畜禽种业（2）：113.

张明明，2017. 野生动物李氏杆菌病的流行病学研究及防治方法[J]. 现代畜牧科技（2）：64.

赵传芳，吴威，宋婷婷，2005. 狐、貉皮肤病[J]. 特种经济动植物，43（3）：43-44.

赵伟刚，魏海军，2017. 高效养貂[M]. 北京：机械工业出版社.

邹兴淮，2003. 毛皮动物的螨病及其防治方法[J]. 养殖技术顾问（11）：38-39.

Craig E. G., 2012.Infectious Dieseases of the Dog and Cat[M]. 4 th ed. Amsterdam: Elsevier.

齐鲁动物保健品有限公司是山东齐鲁制药集团有限公司的控股子公司，公司始建于1958年，是兽用生物制品的科研、生产、销售综合现代化企业。公司注册资本1亿元，固定资产2.3亿元，企业信用等级AAA级。

公司现有员工1000余人，专业技术人员占职工总数的60%以上。公司高度重视人才的引进及培养，为此专门制定了人才引进及培养计划，与国内知名大学、研究所如中国农业大学、南京农业大学、华中农业大学等建立长期人才合作关系，在大学中设立奖学金，引导学生社会实践等多种形式吸引优秀人才来公司工作。公司每年均从国内重点院校引进不等数量的本科生、研究生和博士，专业涵盖药学、预防兽医等不同学科和专业。

公司新产品成果转化成果丰硕，多项产品关键技术攻克了制约行业发展的关键共性问题，辐射带动了整个动保行业的蓬勃发展。国内生物制品先进生产技术---悬浮培养技术优势明显，2010年开始采用国内生物制品先进的悬浮培养生产技术。新投资1.68亿元于2017年建成投产的全自动生产车间，从培养到配苗分装、冻干及包装一体，采用垂直单向流、人机分离的RABS（无菌）隔离系统，是按照FDA标准建设的全自动、全封闭生产线，该生产技术将实现疫苗产品产能和质量的新跨越。

齐鲁动物保健品有限公司列入中国动物保健品行业50强企业，成为了国内行业典范。公司将继续以安全生产为基础，以市场为龙头，以GMP管理为主线，打造国内动保行业第一品牌！

- ●农业部兽用生物制品定点生产企业
- ●中国兽药协会副会长单位
- ●中国畜牧兽医学会常务理事单位
- ●山东省高新技术企业
- ●山东省重大动物疫病新兽药创制技术重点实验室
- ●山东省院士工作站
- ●山东省企业技术中心
- ●山东省兽用生物制品工程实验室
- ●省级守合同重信用企业

悬浮培养，核心技术，打造精品
BEI灭活，专利工艺，铸就辉煌

高效 均一 稳定

- ◆犬瘟热冻干活疫苗（CDV-11株）
- ◆水貂病毒性肠炎灭活疫（MEV-DC1株）
- ◆绿农迪（水貂出血性肺炎二价灭活疫苗
- ◆狐狸脑炎活疫苗（CAV-2DZ株）
- ◆肉毒梭菌（C型）中毒症灭活疫苗

齐鲁动物保健品有限公司

服务专线：**400-004-1958**
0531-83127888
公司网址：Http：//www.qiludb.com